国家职业技能鉴定推荐教程
用于国家职业技能鉴定
国家职业资格培训教程
YONGYU GUOJIA ZHIYE JINENG JIANDING
GUOJIA ZHIYE ZIGE PEIXUN JIAOCHENG

玻璃分析检验员

（高级）

编审委员会

主　任　刘　康

副主任　张亚男　刘建平

委　员　毕　洁　蒋中鳌　薛　实　周建勇　冯云喜
　　　　李志伟　刘新年　袁春梅　李　刚　于晓杰
　　　　陈兰武　吴　飞　陈　蕾　张　伟

编审人员

主　编　毕　洁

编　者　毕　洁　袁春梅　刘新年　冯云喜

主　审　蒋中鳌

中国劳动社会保障出版社

图书在版编目(CIP)数据

玻璃分析检验员：高级/中国就业培训技术指导中心组织编写. —北京：中国劳动社会保障出版社，2010

国家职业资格培训教程

ISBN 978-7-5045-8266-9

Ⅰ. 玻… Ⅱ. 中… Ⅲ. ①玻璃-分析-技术培训-教材②玻璃缺陷-检验-技术培训-教材 Ⅳ. TQ171.6

中国版本图书馆 CIP 数据核字(2010)第 050667 号

中国劳动社会保障出版社出版发行

(北京市惠新东街 1 号 邮政编码：100029)

出 版 人：张梦欣

*

北京人卫印刷厂印刷装订 新华书店经销

787 毫米×1092 毫米 16 开本 9.25 印张 160 千字

2010 年 4 月第 1 版 2010 年 4 月第 1 次印刷

定价：19.00 元

读者服务部电话：010-64929211

发行部电话：010-64927085

出版社网址：http://www.class.com.cn

前　言

为推动玻璃分析检验员职业培训和职业技能鉴定工作的开展，在玻璃分析检验员从业人员中推行国家职业资格证书制度，中国就业培训技术指导中心在完成《国家职业标准·玻璃分析检验员》（试行）（以下简称《标准》）制定工作的基础上，组织参加《标准》编写和审定的专家及其他有关专家，编写了玻璃分析检验员国家职业资格培训系列教程。

玻璃分析检验员国家职业资格培训系列教程紧贴《标准》要求，内容上体现“以职业活动为导向、以职业能力为核心”的指导思想，突出职业资格培训特色；结构上针对玻璃分析检验员职业活动领域，按照职业功能模块分级别编写。

玻璃分析检验员国家职业资格培训系列教程共包括《玻璃分析检验员（基础知识）》《玻璃分析检验员（初级）》《玻璃分析检验员（中级）》《玻璃分析检验员（高级）》《玻璃分析检验员（技师　高级技师）》5本。《玻璃分析检验员（基础知识）》内容涵盖《标准》的“基本要求”，是各级别玻璃分析检验员均需掌握的基础知识；其他各级别教程的章对应于《标准》的“职业功能”，节对应于《标准》的“工作内容”，节中阐述的内容对应于《标准》的“技能要求”和“相关知识”。

本书是玻璃分析检验员国家职业资格培训系列教程中的一本，适用于对高级玻璃分析检验员的职业资格培训，是国家职业技能鉴定推荐辅导用书，也是高级玻璃分析检验员职业技能鉴定国家题库命题的直接依据。

本书由安徽省第一轻工业学校高级讲师毕洁主编，由原国家轻工业玻璃产品质量监督检测中心享受国务院特殊津贴的教授级高级工程师蒋中鳌主审。参加编写的人员有（按在教材中出现的先后顺序）：安徽省第一轻工业学校毕洁编写了第1章、第2章、第5章，北京市药品包装材料检验所、国家轻工业玻璃产品质量监督检测中心袁春梅编写了第3章，陕西科技大学材料学院刘新年编写了第4章，安徽华光玻璃集团方兴科技股份有限公司冯云喜编写了第6章。

本书在编写过程中得到中国日用玻璃协会、中国轻工业职业技能鉴定指导中心、安徽省第一轻工业学校、安徽华光玻璃集团方兴科技股份有限公司、陕西科技大学材料学院、北京市药品包装材料检验所、国家轻工业玻璃产品质量监督检测中心、安徽蚌埠新黄山玻璃制品有限公司、北京玻璃研究院特种玻璃事业部、山东德州晶华集团振华有限公司和中国建材国际工程有限公司中国玻璃发展中心等单位的大力支持与协助，在此一并表示衷心的感谢。

中国就业培训技术指导中心

目　录

CONTENTS　国家职业资格培训教程

第 1 章

标定标准溶液

第 1 节　标准溶液的基本知识

学习目标

➢ *了解标准溶液浓度的表示方法及标定标准溶液的方法*

有些物质不符合基准物质的条件，不能用直接法配制成标准溶液，只能先粗略地配制成近似于所需浓度的溶液，然后再用基准物或已知准确浓度的标准溶液来精确测定它的准确浓度，这一操作过程称为标准溶液的标定。

一、标准溶液浓度的表示方法

容量分析所用标准溶液的浓度主要有物质的量浓度和滴定度两种表示方法。

1. 物质的量浓度

物质的量浓度是标准溶液的规定浓度，也是最常用的浓度，指的是 1 L 溶液中含有溶质的量，以符号 C 表示，单位为 mol/L。

2. 滴定度

为了计算方便，在滴定分析中，有时采用滴定度表示标准溶液的浓度。滴定度是指每毫升标准滴定溶液相当于被测组分的量，用 T（被测组分/标准溶液）表示，单位为 g/mL 或 mL/mL。例如，$T_{(NaOH/H_2SO_4)}=0.04$ g/mL，表示 1 mL 某 H_2SO_4 标准溶液相当于 0.04 g NaOH。若用上述标准溶液滴定烧碱试样溶液，用去标准溶液 21 mL，则试样中 NaOH 的质量为：

$$T_{(NaOH/H_2SO_4)} \cdot V_{(H_2SO_4)} = 0.04 \times 21 = 0.84\ g$$

对于这种表示浓度的方法，分析物质含量时，只要知道滴定中消耗的标准溶液的体积，即可通过滴定度与该体积的乘积，方便、快捷地计算出分析结果。

二、标定标准溶液的方法

1. 用基准物标定

准确称取一定量的基准物质，溶解后用待标定的溶液滴定，根据基准物质的质量和待标定溶液所消耗的体积，求出该溶液的准确浓度。例如，欲配制 0.1 mol/L NaOH 标准溶液，可先用托盘天平称取 4 g 氢氧化钠，溶于水中，稀释到 1 000 mL，配成浓度约为 0.1 mol/L 的溶液，然后用该溶液滴定准确称量的基准物质，如邻苯二甲酸氢钾。根据 NaOH 溶液的用量和邻苯二甲酸氢钾的质量，即可求出 NaOH 溶液的准确浓度。

2. 用已知浓度的标准溶液标定

准确移取一定量的待标定溶液，用已知浓度的标准溶液滴定或准确移取一定量标准溶液，用待标定溶液滴定。根据两种溶液所消耗的体积和标准溶液的浓度，可求出待标定溶液的准确浓度。例如，欲配制 0.1 mol/L NaOH 标准溶液，可先配制浓度约为 0.1 mol/L 的溶液，再用硫酸标准溶液标定，从而确定 NaOH 溶液的准确浓度。

显然，用已知浓度的标准溶液标定不及用基准物标定好，因为如果标准溶液的浓度不准确，就会影响被标定溶液浓度的准确性。

第 2 节　标定 EDTA 标准溶液

乙二胺四乙酸二钠盐（$Na_2H_2Y \cdot H_2O$），简称 EDTA，是有机配位剂，因其能与大多数金属离子形成稳定的 1∶1 型配合物，计量关系简单，故常用作配位滴定的标准滴定溶液。

由于分析纯 EDTA 中常含有 0.3%的湿存水，不是基准物质，因此其标准溶液不能用直接法配制，而是先配成大致浓度的溶液，然后标定。标定 EDTA 溶液常用的基准物有 Zn、ZnO、$CaCO_3$ 等。标定时，常选用与被测物质组分相同的物质作为基准物，即尽可能使标定条件与测定条件一致，以免引起系统误差。如用 EDTA 溶液测定石灰石或白云石中的 CaO、MgO 含量，宜用 $CaCO_3$ 作为基准物标定；如用 EDTA 溶液测定 Pb^{2+}、Al^{3+} 离子，则宜选 ZnO 或金属 Zn 作为基准物标定。

学习单元 1　碳酸钙标定 EDTA 标准溶液

学习目标

➢ 熟悉钙指示剂的使用和终点颜色的变化

➢ 能用基准碳酸钙标定 EDTA 标准溶液

一、碳酸钙标定 EDTA 标准溶液的原理

以 $CaCO_3$ 为基准物标定 EDTA 时，首先要用 HCl 溶液，使之溶解，其反应如下：

$$CaCO_3 + 2HCl = CaCl_2 + CO_2 + H_2O$$

然后把溶液转移到容量瓶中，制成钙标准溶液。吸取一定量的钙标准溶液，加入适量 NaOH，调节溶液酸度至 $pH > 12$，以钙指示剂作指示剂，用 EDTA 标准溶液滴定至酒红色变为紫蓝色，即为终点，其反应如下：

$$Ca^{2+} + H_2Y^{2-} \rightarrow CaY^{2-} + 2H^+$$

用 EDTA 溶液滴定钙标准溶液时，若有 Mg^{2+} 离子共存，只要调节溶液酸度 $pH > 12$，Mg^{2+} 离子将形成 $Mg(OH)_2$ 沉淀，此共存的少量 Mg^{2+} 离子不仅不干扰对钙的滴定，反而能使终点变色比 Ca^{2+} 离子单独存在时更敏锐。当 Ca^{2+}、Mg^{2+} 离子共存时，到达滴定终点，溶液由酒红色变为纯蓝色，比较易于观察，所以，用 EDTA 溶液滴定钙溶液时，常加入少量的 Mg^{2+} 离子溶液。

二、碳酸钙标定 EDTA 标准溶液的操作

1. 操作准备

（1）准备仪器

分析天平（精确至 0.000 1 g）、500 mL 容量瓶、400 mL 烧杯、250 mL 锥形

瓶、酸滴定管、10 mL 吸量管、20 mL 吸量管、50 mL 分度吸量管、25 mL 量筒、电热恒温干燥箱（额定温度 300℃）、低温电炉。

（2）准备试剂

1）基准碳酸钙。

2）钙指示剂：将 1 g 钙指示剂与 50 g 已在 105～110℃烘干的 NaCl 混合研细，储存在棕色试剂瓶中。

3）1∶1 HCl 溶液。

4）10% NaOH 溶液：10 g 分析纯固体氢氧化钠溶于 100 mL 蒸馏水或去离子水中。

（3）配制镁溶液

称取 0.5 g 硫酸镁，溶解于水中，稀释至 200 mL。

（4）干燥基准碳酸钙

1）取适量基准碳酸钙，置于称量瓶中，将称量瓶放入电热干燥箱。

2）调节电热干燥箱温度在 105～110℃，干燥 2 h，取出，置于干燥器中冷却备用。

2. 操作步骤

（1）配制钙标准溶液

1）在分析天平上准确称取 0.9 g 左右已干燥的基准碳酸钙于 400 mL 烧杯中，盖以表面皿，加水润湿。

2）从烧杯嘴边逐滴加入 1∶1 HCl 溶液至碳酸钙基准物全部溶解，并过量 20 mL。

3）加热煮沸数分钟，除去 CO_2，用蒸馏水把可能溅到表面皿上的溶液淋洗入杯中。

4）冷却后，将溶液转移到 500 mL 容量瓶中，用水稀释至标线，摇匀，储存于塑料试剂瓶中。

（2）以钙标准溶液标定 EDTA

1）用吸量管准确吸取 10 mL、20 mL、30 mL 钙标准溶液，置于 3 个 250 mL 锥形瓶中（分别用于标定 0.01 mol/L、0.02 mol/L、0.03 mol/LEDTA 标准溶液）。

2）向锥形瓶中加入约 25 mL 水、2 mL 镁溶液、10 mL 10% NaOH，调节溶液至 pH≥12。

3）加入约 10mg（米粒大小）钙指示剂，摇匀。

4）将待标定的 EDTA 标准溶液装入酸式滴定管。

5）用 EDTA 标准溶液滴定钙标准溶液，至溶液由红色变为纯蓝色，即为终点。

(3) 计算

根据滴定时消耗 EDTA 标准溶液的体积，可按下式计算 EDTA 标准溶液的量浓度：

$$C_{(EDTA)}=\frac{1\,000\times m\times\frac{V_1}{500}}{100.09\times V}$$

式中　$C_{(EDTA)}$——EDTA 标准溶液的量浓度，mol/L；

m——基准物碳酸钙的质量，g；

100.09——$CaCO_3$ 的摩尔质量，g/mol；

V_1——移取的基准物碳酸钙溶液的体积，mL；

500——基准物碳酸钙溶液的总体积，mL；

V——滴定时消耗的 EDTA 标准溶液的体积，mL。

学习单元 2　锌标定 EDTA 标准溶液

学习目标

- 掌握铬黑 T 指示剂和二甲酚橙指示剂的使用和终点颜色的变化
- 能用锌标定 EDTA 标准溶液

一、锌标定 EDTA 标准溶液的原理

以锌作基准物标定 EDTA 时，常用的标定方法有两种：

(1) 以铬黑 T 为指示剂，用 pH≈10 的氨缓冲溶液控制滴定时的酸度。

(2) 以二甲酚橙为指示剂，用六次甲基四胺溶液来控制滴定时的酸度，即 pH≈5～6。

先将锌或氧化锌用盐酸稀溶液溶解，其反应如下：

$$Zn+2HCl=ZnCl_2+H_2\uparrow$$

然后把溶液转移到容量瓶中，制成一定浓度的锌标准溶液，然后再以二甲酚橙作为指示剂，在 pH≈5～6 的溶液中，用EDTA标准溶液滴定，终点时，溶液颜色由紫红色变为黄色。或者以铬黑 T 为指示剂，在 pH≈10 缓冲溶液中，用 EDTA 标准溶液滴定至溶液由酒红色变为纯蓝色，即为终点。滴定反应如下：

$$Zn^{2+}+H_2Y^{2-}\rightarrow ZnY^{2-}+2H^+$$

EDTA 标准溶液的计算方法参照用碳酸钙标定时的计算公式。

二、锌标定 EDTA 标准溶液的操作

1. 操作准备

（1）仪器

分析天平，托盘天平，250 mL、500 mL、250 mL 烧杯，250 mL 锥形瓶，酸滴定管，25 mL 吸量管，10 mL、25 mL、250 mL 量筒，瓷研钵。

（2）试剂

1）纯金属锌块，含 Zn 99.9%以上。

2）1∶1 HCl 溶液。

3）丙酮。

4）0.5%二甲酚橙指示剂：将 0.5 g 二甲酚橙溶于 100 mL 水中。

5）20%六次甲基四胺溶液（pH=5.6）：将 100 g 六次甲基四胺［$(CH_2)_6N_4$］溶于水中，加入 20 mL HCl，然后用水稀释至 500 mL。

6）pH≈10 的 NH_3-NH_4Cl 缓冲溶液：称取固体氯化铵 27 g 于 500 mL 烧杯中，加适量水溶解，加 175 mL 浓氨水，加水稀释至 500 mL。

7）1∶1 氨水。

8）1%铬黑 T 指示剂：称取 1 g 铬黑 T 与 100 g 干燥氯化钠，在瓷研钵中研磨均匀，装入试剂瓶中，置于干燥器中保存。

2. 操作步骤

以用锌标定 0.02 mol/L EDTA 标准溶液为例。

（1）锌块的处理

新制备的纯锌碎屑可直接使用。如果存放时间较长，可以用 1∶1 HCl 洗涤除去表面的氧化物，然后用水洗去 HCl，再用丙酮清洗，然后于 110℃烘数分钟。

（2）配制 0.02 mol/L 锌标准溶液

1）准确称取纯锌 0.33～0.35 g，置于 250 mL 烧杯中。

2）向烧杯中加 5～6 mL 1∶1 HCl 溶液，盖上表面皿，必要时在水浴上略加

热，使锌完全溶解。

3）吹洗表面皿，定量转移到 250 mL 容量瓶中，加水稀释至刻度，摇匀。

（3）以锌标准溶液标定 EDTA

1）用铬黑 T 作指示剂

①用吸量管吸取锌标准溶液 25 mL，置于 250 mL 锥形瓶中。

②向锥形瓶中滴加 1∶1 氨水溶液至开始出现 $Zn(OH)_2$ 白色沉淀。

③再向锥形瓶中加 10 mL pH≈10 的 NH_3-NH_4Cl 缓冲溶液，加约 20 mL 蒸馏水，加入适量铬黑 T 指示剂。

④将待标定的 EDTA 标准溶液装入酸式滴定管。

⑤用 EDTA 标准溶液滴定锌标准溶液，至溶液由酒红色变为纯蓝色，即达终点。

2）用二甲酚橙作指示剂

①用吸量管吸取锌标准溶液 25 mL，置于 250 mL 锥形瓶中。

②向锥形瓶中加水 20～30 mL，加 0.5%二甲酚橙指示剂 2 滴，加 1∶1 氨水溶液至溶液由黄色变为橙色（加入氨水是为了节约六次甲基四胺的用量，不能多加）。此时溶液的 pH 值约为 5.6。

③向锥形瓶中滴加 20%六次甲基四胺溶液至溶液呈现稳定的红紫色后，再多加 3 mL。

④将待标定的 EDTA 标准溶液装入滴定管。

⑤用 EDTA 标准溶液滴定锌标准溶液，至溶液由红紫色变为亮黄色，即达终点。

3. 注意事项

（1）配位滴定的反应速度较慢，不像酸碱滴定反应能在瞬间完成，故滴定时加入 EDTA 溶液的速度不能太快，特别是近终点时，应逐滴加入，并充分振摇。

（2）在配位滴定中，加入指示剂的量是否适当，对终点观察十分重要，在实验中要认真总结，加以掌握。

（3）配制的乙酸锌标准溶液的浓度应与待标定的 EDTA 溶液的浓度相对应，这样标定时的误差会较小。

第 3 节　标定硝酸银、乙酸锌、硫酸铜标准溶液

学习单元 1　标定硝酸银标准溶液

学习目标

- 掌握用氯化钠标准溶液标定硝酸银标准溶液的原理
- 掌握铬酸钾指示剂的使用方法
- 能标定硝酸银标准溶液

一、标定硝酸银标准溶液的原理

用待标定的硝酸银溶液滴定氯化钠标准溶液，银离子与氯离子反应，生成白色氯化银沉淀：

$$Ag^{+}+Cl^{-}\rightarrow AgCl\downarrow \text{（白色）}$$

滴定时用铬酸钾为指示剂，到达反应终点时，过量的硝酸银将与铬酸钾生成砖红色铬酸银沉淀，以此指示终点，反应式如下：

$$2AgNO_3\text{（过量）}+K_2CrO_4\rightarrow Ag_2CrO_4\downarrow\text{（砖红色）}+2KNO_3$$

二、标定硝酸银标准溶液的操作

1. 操作准备

（1）仪器

10 mL 吸量管，250 mL 锥形瓶，5 mL、50 mL 量筒，25 mL 或 50 mL 酸式滴定管。

（2）试剂

1）10％铬酸钾指示剂。

2）0.02 mol/L 氯化钠标准溶液：将基准氯化钠在 250～350℃干燥 1～2 h，

冷却后准确称取 1.168 8 g，溶解于水，用 1 000 mL 容量瓶定容。

2. 操作步骤

（1）准确吸取 10 mL 0.02 mol/L 氯化钠标准溶液，置于 250 mL 锥形瓶中。

（2）加入 40 mL 水和 1 mL 10%铬酸钾指示剂。

（3）用 0.02 mol/L 硝酸银标准溶液滴定至溶液出现砖红色沉淀，即为终点。

（4）用下式计算硝酸银的量浓度：

$$C_{(AgNO_3)}=\frac{C_{(NaCl)}\cdot V_{(NaCl)}}{V_{(AgNO_3)}}$$

式中　$C_{(AgNO_3)}$——硝酸银标准溶液的量浓度，mol/L；

$C_{(NaCl)}$——氯化钠标准溶液的量浓度，mol/L；

$V_{(NaCl)}$——吸取氯化钠标准溶液的体积，mL；

$V_{(AgNO_3)}$——滴定时消耗硝酸银标准溶液的体积，mL。

3. 注意事项

（1）标定时，加入硝酸银标准溶液的速度不能太快。

（2）Ag_2CrO_4 沉淀易溶解于强酸，所以，宜在中性或微酸性的溶液中滴定，否则由于 Ag_2CrO_4 的溶解，将无法达到终点。

（3）由于 Ag_2CrO_4 在水中的溶解度较大，滴定时，体积不宜超过 100 mL。

学习单元 2　标定乙酸锌标准溶液

学习目标

➢ 掌握用 EDTA 标准溶液标定乙酸锌标准溶液的原理

➢ 能用 EDTA 标准溶液标定乙酸锌标准溶液

一、EDTA 标定乙酸锌标准溶液的原理

乙酸锌与 EDTA 可发生如下反应：

$$Zn^{2+}+H_2Y^{2-}=ZnY^{2-}+2H^+$$

用待标定的乙酸锌溶液滴定 EDTA 标准溶液时，配位比为 1∶1，以二甲酚橙作指示剂，到滴定终点时，溶液由黄色变为橙红色。消耗乙酸锌溶液中锌的量与被

滴定的 EDTA 的量相等。

二、EDTA 标定乙酸锌标准溶液的操作

1. 操作准备

（1）仪器

10 mL 吸量管、250 mL 烧杯、25 mL 或 50 mL 酸式滴定管、5 mL 量筒。

（2）试剂

1）0.01 mol/L、0.02 mol/L、0.03 mol/L EDTA 标准溶液：分别称取 4 g、8 g、12 g 分析纯乙二胺四乙酸二钠盐试剂，置于 3 个烧杯中，向烧杯中加入 300～400 mL 温水，用玻璃棒搅拌，将试剂溶解，用水稀释到 1 000 mL，搅拌均匀，用锌标准溶液标定其准确浓度。

2）0.2%或 0.5%二甲酚橙指示剂。

3）pH＝5.6 的 $NH_4Ac-HAc$ 缓冲溶液：300 g NH_4Ac 溶于水，加 10 mL 冰 HAc，稀释至 1 000 mL。

2. 操作步骤

以标定 0.01 mol/L、0.02 mol/L、0.03 mol/L 乙酸锌标准溶液为例。

（1）准确吸取 10 mL 0.01 mol/L、0.02 mol/L、0.03 mol/L EDTA 标准溶液，置于 3 个 250 mL 烧杯中，用水稀释到 50 mL 左右。

（2）向烧杯中加入 5 mL pH＝5.6 的 $NH_4Ac-HAc$ 缓冲溶液和 2～3 滴二甲酚橙指示剂。

（3）将待标定的乙酸锌标准溶液装入滴定管，滴定 EDTA 标准溶液至溶液由黄色变为红色，即为终点。

（4）计算乙酸锌标准溶浓度

1）计算量浓度

$$C_{(ZnAc_2)}=\frac{V_{(EDTA)}\cdot C_{(EDTA)}}{V_{(ZnAc_2)}}$$

式中 $C_{(ZnAc_2)}$——乙酸锌标准溶液的量浓度，mol/L；

$C_{(EDTA)}$——EDTA 标准溶液的量浓度，mol/L；

$V_{(ZnAc_2)}$——滴定时消耗的乙酸锌标准溶液的体积，mL；

$V_{(EDTA)}$——被滴定的 EDTA 标准溶液的体积，mL。

2）计算滴定度。乙酸锌标准溶液对 EDTA 标准溶液滴定度的计算公式如下：

$$T=\frac{V_{(EDTA)}}{V_{(ZnAc_2)}}$$

式中　T——每毫升乙酸锌标准溶液相当于 EDTA 标准溶液的毫升数，mL/mL；

$V_{(ZnAc_2)}$——滴定时消耗的乙酸锌标准溶液的体积，mL；

$V_{(EDTA)}$——被滴定的 EDTA 标准溶液的体积，mL。

学习单元 3　标定硫酸铜标准溶液

学习目标

- 掌握 EDTA 标准溶液标定硫酸铜标准溶液的原理
- 能用 EDTA 标准溶液标定硫酸铜标准溶液的滴定度

一、EDTA 标定硫酸铜标准溶液的原理

用乙酸—乙酸钠缓冲溶液调节 EDTA 标准溶液的 pH 值在 4.3，加热至沸 1～2 min，冷却后，以 PAN 为指示剂，用硫酸铜标准溶液滴定至紫红色，即为终点。反应式如下：

$$Cu^{2+} + H_2Y^{2-} = CuY^{2-} + 2H^+$$

反应终点时：

$$\underset{\text{黄色}}{Cu^{2+} + PAN} = \underset{\text{紫红色}}{Cu-PAN}$$

二、EDTA 标定硫酸铜标准溶液的操作

1. 操作准备

（1）仪器

10 mL 吸量管，400 mL 烧杯，25 mL、100 mL、1 000 mL 量筒，25 mL 或 50 mL 酸式滴定管，低温电炉，托盘天平。

（2）试剂

1）0.025 mol/L EDTA 标准溶液。

2）PAN 指示剂：0.1%或 0.2%的乙醇溶液。

3）pH=4.3 的 NaAc－HAc 缓冲溶液：称取 24.3 g 无水乙酸钠，置于 1 000 mL 烧杯中，用水溶解，向烧杯中加入 80 mL 冰乙酸，加水稀释至 1 000 mL，摇匀，

用 pH 试纸检验。

2. 操作步骤

以标定 0.025 mol/L 硫酸铜标准溶液为例。

（1）准确吸取 10 mL 0.025 mol/L EDTA 标准溶液，置于 3 个 400 mL 烧杯中，用水稀释到 200 mL 左右。

（2）向烧杯中加入 15 mL NaAc—HAc 缓冲溶液（pH＝4.3）。

（3）将烧杯置于低温电炉上，加热至沸 1～2 min，取下稍冷。

（4）加入 5～6 滴 PAN 指示剂溶液。

（5）将待标定的硫酸铜标准溶液装入滴定管，滴定 EDTA 标准溶液，至溶液由黄色变为亮紫色，即为终点。

（6）计算硫酸铜标准溶液的滴定度

硫酸铜标准溶液对 EDTA 标准溶液滴定度的计算公式如下：

$$T=\frac{V_{(EDTA)}}{V_{(CuSO_4)}}$$

式中 T——每毫升硫酸铜标准溶液相当于 EDTA 标准溶液的毫升数，mL/mL；

$V_{(EDTA)}$——被滴定的 EDTA 标准溶液的体积，mL；

$V_{(CuSO_4)}$——滴定时消耗的硫酸铜标准溶液的体积，mL。

第 4 节　标定盐酸标准溶液

标定盐酸标准溶液的基准物质常用无水碳酸钠或硼砂。

学习单元 1　硼砂标定盐酸标准溶液

学习目标

➢ 能用基准硼砂标定盐酸标准溶液

➢ 熟悉甲基红指示剂的使用和终点颜色的变化

一、硼砂标定盐酸标准溶液的原理

硼砂（$Na_2B_4O_7 \cdot 10H_2O$）的优点是易精制，吸湿性小，摩尔质量大；但其在空气中易失去结晶水。因此，作为标定用的硼砂应保存在相对湿度为 60％的恒湿器中（放有 NaCl 与蔗糖饱和溶液的干燥器）。

硼砂是强碱弱酸盐，水溶液呈碱性，它与盐酸反应生成极弱的硼酸（$K_{a1}=5.8\times10^{-10}$）：

$$Na_2B_4O_7+2HCl+5H_2O=2NaCl+4H_3BO_3$$

用被标定的盐酸标准溶液滴定硼砂溶液，等当点时 pH 值接近于 5，用甲基红作指示剂时，溶液颜色由黄色变为红色。

二、硼砂标定盐酸标准溶液的操作

1. 操作准备

（1）仪器

分析天平（精确至 0.000 1 g）、酸式滴定管、250 mL 或 400 mL 烧杯、25 mL 量筒。

（2）试剂

1）基准物硼砂。

2）甲基红指示剂：将 0.1 g 甲基红溶于 100 mL 60％乙醇溶液中。

2. 操作步骤

（1）配制硼砂溶液

1）在分析天平上准确称取基准物质硼砂 0.35～0.40 g，置于 250 mL 烧杯中，加 25 mL 水溶解。

2）向烧杯中加 2 滴甲基红指示剂，此时溶液颜色为黄色。

（2）滴定

1）将待标定的盐酸标准溶液装入滴定管。

2）用盐酸标准溶液滴定硼砂溶液至红色，即为滴定终点。

（3）浓度计算

根据反应方程式，得计算公式：

$$C_{(HCl)}=\frac{2\times1\ 000\times m_{(Na_2B_4O_7)}}{M_{(Na_2B_4O_7)}\times V_{(HCl)}}$$

式中　$C_{(HCl)}$——标定的盐酸标准溶液的量浓度，mol/L；

$m_{(Na_2B_4O_7)}$——基准物质硼砂的质量，g；

$M_{(Na_2B_4O_7)}$——$Na_2B_4O_7 \cdot 10H_2O$ 的摩尔质量，g/mol；

$V_{(HCl)}$——滴定消耗 HCl 标准溶液的体积，mL。

学习单元 2 碳酸钠标定盐酸标准溶液

学习目标

- 掌握基准碳酸钠标定盐酸标准溶液的原理
- 熟悉甲基橙指示剂的使用和终点颜色的变化
- 能用基准碳酸钠标定盐酸标准溶液

一、碳酸钠标定盐酸标准溶液的原理

用无水碳酸钠为基准物，在甲基橙指示剂存在下标定 HCl 标准溶液的浓度，标定时的反应为：

$$Na_2CO_3 + 2HCl = 2NaCl + CO_2\uparrow + H_2O$$

用待标定的盐酸标准溶液滴定碳酸钠溶液，终点时 pH 值为 3.89，溶液颜色由黄色变为橙红色。

二、碳酸钠标定盐酸标准溶液的操作

1. 操作准备

（1）准备仪器

分析天平（精确至 0.000 1 g）、250 mL 锥形瓶、50 mL 量筒、25 mL 或 50 mL 酸式滴定管、电热恒温干燥箱（分度值 5℃）。

（2）准备试剂

1）基准无水碳酸钠。

2）甲基橙指示剂：将 0.1 g 甲基橙溶于 100 mL 热水中。

（3）处理基准物

1）取适量基准无水碳酸钠，置于称量瓶中。

2）将称量瓶置于电热干燥箱中，在 270～300℃的温度下干燥半小时（或在

180℃的温度下干燥 2～3 h)，置于干燥器中，冷却备用。

2. 操作步骤

(1) 配制碳酸钠标准溶液

1) 在分析天平上，用递减称量法从称量瓶中称取已充分干燥的基准无水碳酸钠 3 份，每份质量 0.15 g 左右，置于 250 mL 锥形瓶中。

2) 向每个锥形瓶中加入新煮沸冷却后的蒸馏水 50 mL，摇动使基准无水碳酸钠溶解，不溶时可稍微加热。

3) 向每个锥形瓶中加 1 滴甲基橙指示剂。

(2) 滴定

1) 将待标定的盐酸标准溶液装入酸式滴定管，调好液面，赶出气泡。

2) 用盐酸标准溶液慢慢滴定配制的碳酸钠溶液，直到锥形瓶中的溶液刚由黄色转变为橙红色。

3) 将溶液煮沸 1～2 min，溶液又变为黄色，冷却。

4) 继续用盐酸标准溶液滴定至溶液呈现稳定的橙色，即为终点。

(3) 浓度计算

用下式计算盐酸标准溶液的浓度：

$$C_{(HCl)}=\frac{2\times1\,000\times m_{(Na_2CO_3)}}{106\times V_{(HCl)}}$$

式中　$C_{(HCl)}$——标定的 HCl 标准溶液的量浓度，mol/L；

$m_{(Na_2CO_3)}$——基准物质碳酸钠的质量，g；

$V_{(HCl)}$——滴定时消耗的 HCl 标准溶液的体积，mL；

106——无水碳酸钠的摩尔质量，g/mol。

学习单元 3　氢氧化钠标定盐酸标准溶液

学习目标

- 掌握用标准氢氧化钠溶液标定盐酸标准溶液的原理
- 能用标准氢氧化钠溶液标定盐酸标准溶液

一、氢氧化钠标定盐酸标准溶液的原理

用硼砂和碳酸钠标定盐酸标准溶液，是采取基准物质标定酸碱溶液的方法。在有些测定中，还可以用酸碱标准溶液相互标定，根据两者体积比的关系，若已知其中一种溶液的准确浓度，即可求得另一种溶液的准确浓度。

用待标定的盐酸标准溶液滴定氢氧化钠标准溶液，以甲基红为指示剂，溶液由黄色变为微红色，即为终点。滴定时的反应如下：

$$NaOH+HCl=NaCl+H_2O$$

二、氢氧化钠标定盐酸标准溶液的操作

1. 操作准备

（1）仪器

25 mL 吸量管、250 mL 锥形瓶、酸式滴定管、250 mL 烧杯、低温电炉。

（2）试剂

1）氢氧化钠标准溶液。

2）甲基红指示剂。

3）制备无 CO_2 水：用 250 mL 烧瓶在低温电炉上煮沸约 100 mL 蒸馏水，冷却后备用。

2. 操作步骤

（1）配制溶液

1）用吸量管准确移取 25～30 mL 浓度相当的（如 0.1 mol/L、0.5 mol/L 等）NaOH 标准溶液，置于 250 mL 锥形瓶中。

2）用刚煮沸冷却的去 CO_2 水稀释到 50 mL。

3）加入 2～3 滴甲基红指示剂。

（2）滴定

1）将待标定的盐酸标准溶液装入酸式滴定管，调好液面，赶出气泡。

2）用待标定的盐酸标准溶液滴定配制的氢氧化钠标准溶液，至溶液呈微红色，即为终点。

（3）浓度计算

根据下式计算盐酸标准溶液的浓度：

$$C_{(HCl)}=\frac{C_{(NaOH)}\times V_{(NaOH)}}{V_{(HCl)}}$$

式中　$C_{(HCl)}$—— HCl 标准溶液的量浓度，mol/L；

$V_{(HCl)}$——滴定时消耗的 HCl 标准溶液的体积，mL；

$C_{(NaOH)}$——NaOH 标准溶液的量浓度，mol/L；

$V_{(NaOH)}$——移取的 NaOH 标准溶液的体积，mL。

3. 注意事项

用来标定的氢氧化钠标准溶液的浓度要与待标定的盐酸标准溶液的浓度相当，并使滴定液的消耗量位于滴定管中部位置附近。

第 5 节　标定氢氧化钠标准溶液

玻璃分析检验工作中常需要标定氢氧化钠或氢氧化钾标准溶液，这两种标准溶液的标定方法是类似的，因此，本节以标定氢氧化钠标准溶液为例加以介绍。标定氢氧化钠标准溶液的基准物质常用邻苯二甲酸氢钾或草酸。

学习单元 1　邻苯二甲酸氢钾标定氢氧化钠标准溶液

学习目标

- 掌握邻苯二甲酸氢钾标定氢氧化钠标准溶液的原理
- 掌握碱式滴定管的使用方法
- 熟悉酚酞指示剂的使用和终点颜色的变化
- 能用邻苯二甲酸氢钾标定氢氧化钠标准溶液

一、邻苯二甲酸氢钾标定氢氧化钠标准溶液的原理

邻苯二甲酸氢钾易精制，不含结晶水，不吸湿，容易保存，摩尔质量大，是较好的基准物质。

邻苯二甲酸氢钾（$KHC_8H_4O_4$）是酸性基准物，标定氢氧化钠标准溶液时的反应为：

$$KHC_8H_4O_4+NaOH=KNaC_8H_4O_4+H_2O$$

反应等当点时，溶液显碱性，pH＝9.05。滴定时用酚酞为指示剂，终点时溶液由无色变为微红色。

二、邻苯二甲酸氢钾标定氢氧化钠标准溶液的操作

1. 操作准备

（1）准备仪器

分析天平、250 mL 锥形瓶、50 mL 量筒、平底烧瓶、电热恒温干燥箱、低温电炉、碱式滴定管。

（2）准备试剂

1）基准邻苯二甲酸氢钾。

2）0.1%酚酞指示剂溶液：0.1 g 酚酞溶于 100 mL 90%乙醇溶液中。

（3）基准物干燥处理

取基准邻苯二甲酸氢钾适量，置于称量瓶中，放入电热干燥箱中，在 105～110℃烘干 1 h，置于干燥器中冷却 1 h 备用。

（4）制备去 CO_2 水

向平底烧瓶中注入适量蒸馏水，将其置于低温电炉的石棉网上，加热煮沸 10 min，即可除去水中的 CO_2。冷却后塞上瓶塞备用。

2. 操作步骤

（1）配制邻苯二甲酸氢钾标准溶液

当待标定的氢氧化钠标准溶液的量浓度约为 0.05 mol/L、0.1 mol/L、0.15 mol/L、0.5 mol/L 时，邻苯二甲酸氢钾（$KHC_8H_4O_4$）的称量量相应约为 0.3 g、0.6 g、0.8 g、2.5 g。

1）在分析天平上，用递减称量法从称量瓶中准确称取已烘干的基准邻苯二甲酸氢钾 3 份，置于 250 mL 锥形瓶中。

2）向每个锥形瓶中加入 50 mL 煮沸后刚刚冷却的蒸馏水，使之溶解（不溶时可稍微加热）。

3）加 2～3 滴 0.1%酚酞指示剂。

（2）滴定

1）将待标定的氢氧化钠溶液装入碱式滴定管。

2）用氢氧化钠溶液滴定锥形瓶中的邻苯二甲酸氢钾溶液，至溶液呈现微红色，摇动溶液，30 s 不退色，即为终点。

用 3 个读数平均值计算氢氧化钠标准溶液的量浓度。各次标定的结果与平均值的相对偏差≤±2.2%，否则必须重新标定。

（3）浓度计算

氢氧化钠标准溶液的浓度用下式计算：

$$C_{(NaOH)}=\frac{1\,000\times m_{(KHC_8H_4O_4)}}{204.2\times V_{(NaOH)}}$$

式中　$C_{(NaOH)}$——标定的 NaOH 标准溶液的量浓度，mol/L；

$m_{(KHC_8H_4O_4)}$——邻苯二甲酸氢钾基准物的质量，g；

$V_{(NaOH)}$——滴定时消耗的 NaOH 标准溶液的体积，mL；

204.2——邻苯二甲酸氢钾的摩尔质量，g/mol。

学习单元 2　草酸标定氢氧化钠标准溶液

学习目标

- 掌握草酸标定氢氧化钠标准溶液的原理
- 能用草酸标定氢氧化钠标准溶液

一、草酸标定氢氧化钠标准溶液的原理

草酸 $H_2C_2O_4\cdot 2H_2O$ 易制得纯品，稳定性好，可在密闭容器中长期保存备用，而不会风化失水。

草酸为二元弱酸，其电离常数分别为 $K_1=5.9\times10^{-2}$，$K_2=6.4\times10^{-5}$，由于 K_1 和 K_2 接近，所以不能分步滴定，只能作为二元酸滴定至终点。其反应为：

$$H_2C_2O_4+2NaOH=Na_2C_2O_4+2H_2O$$

等当点溶液显碱性，pH=8.4，可采用酚酞作指示剂。

二、草酸标定氢氧化钠标准溶液的操作

1. 操作准备

（1）准备仪器

分析天平、平底烧瓶、低温电炉、石棉网、碱式滴定管、25 mL 量筒。

（2）准备试剂

1）基准物草酸。

2）0.1%酚酞指示剂溶液。称取 0.1 g 酚酞，溶于 100 mL 90%乙醇溶液中。

（3）制备去 CO_2 水

具体操作参见学习单元 1。

2. 操作步骤

（1）配制草酸溶液

1）在分析天平上准确称取 $H_2C_2O_4 \cdot 2H_2O$ 0.15～0.2 g，置于烧杯中，加入 25 mL 去 CO_2 蒸馏水溶解。

2）向烧杯中加 2 滴酚酞指示剂。

（2）滴定

1）将待标定的氢氧化钠标准溶液装入碱式滴定管。

2）用氢氧化钠溶液滴定草酸溶液至红色，即为终点。

（3）浓度计算

根据反应方程式得计算公式：

$$C_{(NaOH)}=\frac{2\times 1\,000\times m_{(H_2C_2O_4)}}{M_{(H_2C_2O_4)}\cdot V_{(NaOH)}}$$

式中 $m_{(H_2C_2O_4)}$——基准物质草酸的质量，g；

$M_{(H_2C_2O_4)}$——$H_2C_2O_4 \cdot 2H_2O$ 的摩尔质量，g/mol；

$V_{(NaOH)}$——滴定时消耗 NaOH 标准溶液的体积，mL。

3. 注意事项

（1）草酸溶液不够稳定，能自行分解，见光也易分解，所以，制成溶液后，应立即用 NaOH 溶液滴定。

（2）配制草酸溶液所用的水不应含有 CO_2，应使用新煮沸后冷却，并用 NaOH 溶液中和至酚酞呈微红色。

本章思考题

1. 解释以铬黑 T 为指示剂的标定中的几个现象：

（1）滴加氨水至开始出现白色沉淀。

（2）加入缓冲溶液后沉淀又消失。

(3) 用 EDTA 标准溶液滴定至溶液由酒红色变为纯蓝色。

2. 滴定两份相同的试液时，若第一份用标准溶液约 20 mL，在滴定第二份溶液时，是继续使用余下的溶液，还是添加标准溶液至滴定管的“0.00”刻度附近再滴定？哪一种操作正确，为什么？

3. 用锌作为基准物，二甲酚橙为指示剂，标定 EDTA 溶液浓度时，溶液的酸度应控制在什么 pH 范围？为什么？如何控制？如果溶液中含酸量较多，怎么办？

4. 用铬黑 T 作为指示剂时，为什么要控制 pH≈10？

5. 配位滴定法与酸碱滴定法相比，有哪些不同？操作中应注意哪些问题？

6. 标定氢氧化钠溶液时，准确称取基准邻苯二甲酸氢钾 0.271 7 g 溶于水，滴定用去该氢氧化钠溶液 24.50 mL，求此氢氧化钠溶液物质的量浓度？

7. 用基准物草酸标定 0.1 mol/L NaOH 溶液，每次滴定用 NaOH 溶液约 25 mL，则每份应称 $H_2C_2O_4 \cdot 2H_2O$ 约多少？

8. 称取含氟化物的试样 0.925 g，溶于 200 mL 容量瓶中，取出 20 mL，用 0.05 mol/L 高氯酸钙溶液滴定，消耗 19.80 mL，则试样中氟化物的百分含量是多少？（滴定反应：$Ca^{2+}+2F^{-}=CaF_2\downarrow$）

9. 石灰石样品 0.3 g，加入 25 mL 0.25 mol/L HCl 溶液，煮沸除去 CO_2 后，用 0.2 mol/L NaOH 溶液回滴，用去 5.84 mL，求样品中 $CaCO_3$ 的百分含量。

10. 铁矿石样品重 0.5 g，处理后以 0.039 72 mol/L $KMnO_4$ 溶液滴定，消耗 24 mL，计算样品中 Fe_2O_3 的百分含量。

11. 标定 NaOH 溶液时，基准物邻苯二甲酸氢钾为什么要称 0.5 g 左右？标定 HCl 溶液时基准物碳酸钠为什么要称 0.15 g 左右？称得太多或太少有何不好？

12. 溶解碳酸钠基准物时，加水 50 mL 应用量筒量取，还是用移液管吸取？为什么？

13. 标定标准溶液时所使用的称量瓶、烧杯、锥形瓶是否必须都烘干？为什么？

14. 用碳酸钠作基准物标定盐酸时，为什么用甲基橙作指示剂？能用酚酞吗？试用酚酞作为指示剂标定一次，看看结果如何。

15. 在配制溶液过程中，为什么必须将量筒、烧杯的洗涤水也注入容量瓶中？

16. 用锌作基准物，二甲酚橙为指示剂，标定 EDTA 溶液浓度时，溶液的酸度应控制在什么 pH 范围？为什么？如何控制？如果溶液中含酸量较多，怎么办？

17. 称取 0.540 5 g 纯 $CaCO_3$，用盐酸溶解后配成 250 mL 溶液，吸此溶液 25 mL，用紫脲酸铵做指示剂，用 EDTA 滴定至终点，用去 20.50 mL，求 $T_{(EDTA/CaO)}$ 和 EDTA 浓度。

第2章

玻璃及原料的容量分析

第1节 氟硅酸钾容量法测定二氧化硅

学习目标

➢ 掌握氟硅酸钾容量法测定玻璃或原料中二氧化硅的原理

➢ 能用氟硅酸钾容量法测定玻璃或原料中的二氧化硅

一、氟硅酸钾容量法测定二氧化硅的原理

试样经碱熔融，不溶性酸性氧化物二氧化硅转变成可溶性的硅酸盐，加酸后生成游离的硅酸。在过量的氟离子和钾离子存在下，硅酸与氟离子作用生成氟硅酸离子，再与钾离子作用定量生成氟硅酸钾沉淀。沉淀经分离后，在热水中水解，生成等量的氢氟酸，用氢氧化钠标准溶液滴定水解析出的氢氟酸，由消耗的氢氧化钠标准溶液的体积计算出二氧化硅含量。反应如下：

$$SiO_2 + 2OH^- = SiO_3^{2-} + H_2O$$

$$SiO_3^{2-} + 6F^- + 6H^+ = SiF_6^{2-} + 3H_2O$$

$$SiF_6^{2-} + 2K^+ = K_2SiF_6 \downarrow$$

$$K_2SiF_6 + 3H_2O = 2KF + H_2SiO_3 + 4HF$$

$$HF + NaOH = NaF + H_2O$$

从以上反应可看出，滴定水解析出的氢氟酸所用氢氧化钠的量与试样中二氧化

硅的量之间有如下关系：

$$1\ mol\ SiO_2 \rightarrow 1\ mol\ SiO_3^{2-} \rightarrow 1\ mol\ K_2SiF_6 \rightarrow 4\ mol\ HF \rightarrow 4\ mol\ NaOH$$

此为该测定方法的定量基础。

二、氟硅酸钾容量法测定二氧化硅的操作

1. 操作准备

（1）准备仪器

托盘天平，铂坩埚，低温电炉，高温电炉，300 mL、500 mL 塑料烧杯，玻璃烧杯，塑料漏斗，滤纸，5 mL、10 mL、25 mL 量筒，10 mL 塑料量筒，电热干燥箱，单孔（电热）水浴锅。

（2）准备试剂

1）分析纯碳酸钾。

2）分析纯氢氧化钠。

3）分析纯氯化钾。

4）1∶1 HNO_3 溶液。

5）分析纯浓硝酸。

6）1%酚酞指示剂溶液：1%的乙醇溶液。

7）分析纯乙醇。

8）分析纯氟化钾。

9）5% KCl 乙醇溶液：用托盘天平称取 5 g 氯化钾，溶于 100 mL 50%的乙醇溶液中。

10）0.15 mol/L NaOH 标准溶液：6 g NaOH 溶于水，稀释成 1 000 mL，用基准邻苯二甲酸氢钾标定。

11）15% KF 溶液：将 75 g 分析纯氟化钾置于 500 mL 塑料烧杯中，加蒸馏水或去离子水至 500 mL，储存于塑料瓶中。

（3）干燥试样

取适量试样，置于称量瓶中，放入电热干燥箱中，在 105～110℃烘干至恒重。

（4）准备热水浴

在分析过程中，当需要对样品进行加热，并要求受热均匀，而温度又不能超过 100℃时，一般可以利用水浴。普通单孔水浴锅如图 2—1 所示。有条件的检验单位或企业化验室可以购置电热恒温水浴锅，也可以根据自身条件选择合适的水浴器具。在水浴锅内加入 2/3 容量的水，盖上同心圈盖，将被加热容器放于同心圈之

间，选用同心圈时，以尽可能增大器皿底部的受热面积而又不掉进水浴为原则。加热过程中要给水浴锅中补加水，以防烧干。若用电热恒温水浴锅，将其温控旋钮调至 80℃，保持恒温。

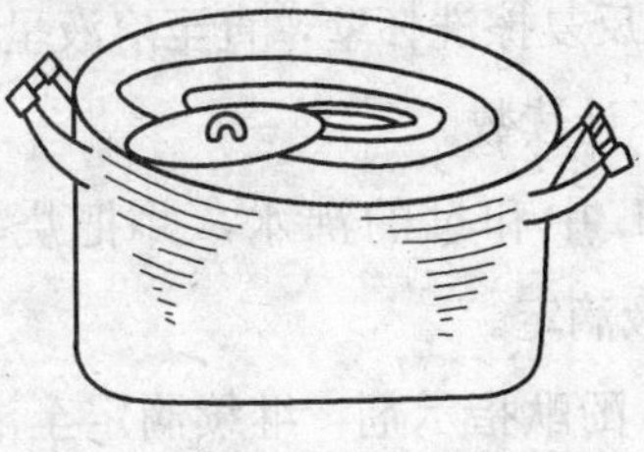

图 2—1　普通单孔水浴锅

2. 操作步骤

（1）碱熔样

1）准确称取 0.1 g 经干燥处理的试样，置于预先已熔有 1～1.5 g 碳酸钾的铂坩埚中，再用 1 g 覆盖其上，盖上坩埚盖并稍留有缝隙。

2）将铂坩埚置于高温电炉中，先低温熔融，逐渐升高温度到 1 100 ℃，熔融 15～20 min。

3）取下并旋转坩埚，使熔融物均匀附着于坩埚壁上，冷却。

4）用少量沸水将熔融物提取到 300 mL 塑料烧杯中，用少许 1∶1 HNO_3 及水洗净坩埚，洗液并入塑料烧杯中。

（2）酸分解

在烧杯上盖上表面皿，从杯嘴一次性加入 15 mL 浓硝酸。此时溶液体积应控制在 40 mL 左右，迅速冷却至 25℃以下。这时溶液中不允许有粗粒残渣，否则说明熔融不完全，应另取试样重新熔融。

（3）生成沉淀

1）在不断搅拌下加入 2～3 g 氯化钾至饱和，搅拌溶解后，将烧杯放在冷水中冷却至室温（25℃以下），此时杯底应有少量固体氯化钾，否则应补加至杯底有不溶氯化钾为止。

2）加入 10 mL 15％ KF 溶液，用塑料棒搅拌，静置。

（4）沉淀过滤和洗涤

1）静置 15 min 后，用塑料漏斗或涂蜡的玻璃漏斗，以快速定性滤纸过滤。

2）用 5％ KCl 乙醇水溶液洗涤塑料杯及沉淀各 2～3 次。

（5）水解及滴定

1）将滤纸和沉淀放回原塑料杯中，沿杯壁加入 10 mL 5% KCl 乙醇水溶液及 4～5 滴 1%酚酞指示剂。

2）用 0.15 mol/L NaOH 标准溶液中和沉淀和滤纸上的残余酸，中和时捣碎滤纸，仔细搅动滤纸并随之反复擦洗杯壁，直至溶液呈微红色不消失为止，不可过量。以上所用 NaOH 溶液不计读数。

3）沿杯壁加入 200 mL 中和过的沸水，并把烧杯放在热水浴中，立即以 0.15 mol/L NaOH 标准溶液滴定。

4）近终点时补加 1 mL 酚酞指示剂，继续滴定至溶液呈现微红色不消失，即为终点。

（6）二氧化硅含量的计算

按如下公式计算二氧化硅的含量：

$$W_{(SiO_2)}=\frac{60.09\times C_{(NaOH)}\times V}{4\times 1\,000\times G}\times 100\%$$

式中 $C_{(NaOH)}$——NaOH 标准溶液的量浓度，mol/L；

V——滴定时消耗氢氧化钠标准溶液的体积，mL；

G——试样质量，g；

60.09——二氧化硅的摩尔质量，g/mol。

3. 注意事项

（1）以碱熔融分解试样时，应用钾盐而不使用钠盐，因氟硅酸钾比氟硅酸钠溶解度小。

（2）溶液的酸度用硝酸调而不用盐酸调，是由于氟铝酸盐在硝酸介质中的溶解度比在盐酸介质中大，而氟硅酸盐正相反，即可使硅沉淀完全，又可减少铝的干扰。

（3）沉淀时酸度控制在 3 mol/L 左右为好，酸度太低易形成其他盐类的氟化物与氟硅酸钾共沉淀而干扰测定，特别是当铝含量较高时影响较大；酸度太高会增加氟硅酸钾沉淀的溶解度，使结果偏低。

（4）由于氟硅酸钾沉淀的溶解度较大，故沉淀时需加入固体氯化钾，以降低其溶解度。加入氯化钾时要充分搅拌，其加入量通常冬天 2 g，夏天 3 g，以保证沉淀时在杯底有微量的 KCl 结晶为好（KCl 过饱和量以 0.5～1 g 为宜），过量太多会给洗涤带来困难。

（5）氟硅酸钾沉淀的生成是放热反应，降温有利于生成沉淀，因此，沉淀温度应控制在 10～25℃之间，温度太高，氟硅酸钾溶解度增大；温度太低，可能引入杂质，使结果偏高。

（6）沉淀的过滤和洗涤速度要快，洗涤液体积应控制在 20～25 mL。

（7）滴定时溶液温度应保持在 80℃左右，不应低于 70℃，否则会使结果偏低。一般加入 200～250 mL 沸水，使沉淀水解，立即滴定。滴定时消耗碱量应在 20～30 mL 之间为宜，如滴定消耗碱量过大，到终点时试液温度较低，使测定结果偏低。

（8）滴定终点以酚酞微红为度，颜色太深，结果将偏高。

（9）中和残余酸时，操作应迅速，可将滤纸捣碎，使吸附的游离酸易中和。中和时间长，易引起沉淀水解，使结果偏低。

（10）由于生成的 HF 对玻璃有腐蚀作用，因此必须在塑料容器中操作。

第 2 节　EDTA 配位滴定法测定氧化铝

学习目标

- 掌握 EDTA 配位滴定法测定玻璃或原料中氧化铝的原理
- 能用 EDTA 配位滴定法测定玻璃或原料中的氧化铝

一、EDTA 配位滴定法测定氧化铝的原理

试样用酸分解后，其残渣用盐酸溶解并稀释到一定的体积，制成含有 Fe^{3+}、Al^{3+}、Ca^{2+}、Mg^{2+} 等离子的溶液（可用测铁时制备的试样溶液）。虽然这些离子都能与 EDTA 形成稳定的配位化合物，但这些配位化合物的稳定性有较显著的差别，只要控制适当的酸度，就可用 EDTA 分别滴定它们。由于 Fe^{3+}、Al^{3+} 离子与 EDTA 的配位反应进行得较慢，所以本实验吸取部分溶液，在 pH≈3～4 的酸性溶液中，加入一定量过量的 EDTA 标准溶液，并煮沸，使之与 Fe^{3+}、Al^{3+} 离子等充分反应，生成无色配合物。冷却，调整溶液 pH≈5～6，以二甲酚橙为指示剂，用乙酸锌标准溶液返滴剩余的 EDTA。滴定终点，溶液颜色由黄色变为红色。扣除氧化铁的含量，即可得氧化铝的含量。反应如下：

$$Al^{3+} + H_2Y^{2-}\text{（过量）} = AlY^- + 2H^+$$

$$Fe^{3+} + H_2Y^{2-}\text{（过量）} = FeY^- + 2H^+$$

$$Zn^{2+}+H_2Y^{2-}\text{（剩余）}=ZnY^{2-}+2H^+$$

$$Zn^{2+}+XO=ZnXO$$

黄色　红色

二、EDTA 配位滴定法测定氧化铝的操作

1. 操作准备

（1）准备仪器

10 mL、50 mL 吸量管，250 mL 锥形瓶，酸滴定管，低温电炉，石棉网，5 mL、10 mL、50 mL 量筒，150 mL、1 000 mL 烧杯，托盘天平，铂皿，250 mL 容量瓶。

（2）准备试剂

1）1∶1 氨水溶液。

2）1∶1 HCl 溶液。

3）二甲酚橙指示剂：0.2%水溶液。

4）pH=5.6 的 $NH_4Ac-HAc$ 缓冲溶液：300 g NH_4Ac 溶于水，加 10 mL 冰 HAc，稀释至 1 000 m L，摇匀，并用 pH 试纸检验 pH 值。

5）0.1%对硝基苯酚水溶液（变色范围：pH≈5.6～7.4，由无色变黄色）。

6）0.03 mol/L EDTA 标准溶液：称取 12 g 分析纯乙二胺四乙酸二钠盐试剂，置于烧杯中，向烧杯中加入 300～400 mL 温水，并用玻璃棒搅拌，将试剂溶解，用水稀释到 1 000 mL，搅拌均匀，用锌标准溶液标定（溶液浓度视铝含量而定）。

7）0.03 mol/L 乙酸锌标准溶液。

8）1∶1 H_2SO_4。

9）氢氟酸。

（3）配制和标定 0.03 mol/L 乙酸锌标准溶液

1）称取 6 g 乙酸锌，置于 1 000 mL 烧杯中，用水溶解并稀释到 1 000 mL。

2）准确吸取 10 mL 0.03 mol/L EDTA 标准溶液，置于 250 mL 锥形瓶中，用水稀释到 50 mL 左右。

3）加入 5 mL $NH_4Ac-HAc$ 缓冲溶液和 2～3 滴二甲酚橙指示剂。

4）用待标定的乙酸锌标准溶液滴定 EDTA 标准溶液，至溶液由黄色变为橙红色，即为终点。

乙酸锌标准溶液的浓度按下式计算：

$$C_{(ZnAc_2)}=\frac{10\times C_{(EDTA)}}{V_0}$$

式中　$C_{(ZnAc_2)}$——乙酸锌标准溶液的量浓度，mol/L；

V_0——标定乙酸锌标准溶液时消耗的乙酸锌溶液的体积，mL。

2. 操作步骤

（1）分解试样

1）准确称取 0.5 g 试样（根据试样中 Al_2O_3 的含量确定称样量），置于铂皿中，用少量水润湿。

2）加入 1 mL 1∶1 H_2SO_4 和 7 mL 氢氟酸，置于电炉上，低温缓慢加热蒸发至近干。

3）冷却，用水吹洗内壁。再重复处理一次（酸用量可适当减少）。逐渐升温蒸发至三氧化硫白烟冒尽。

4）冷却，加入 5～10 mL 1∶1 HCl 浸入残渣，并移入 150 mL 烧杯中，加水稀释至约 40 mL。

5）在低温电炉上加热，使残渣溶解。

6）冷却后，将溶液移入 250 mL 容量瓶中，用水稀释至标线，摇匀。

该试样溶液可供测定 Fe_2O_3、Al_2O_3、CaO、MgO 之用。

（2）制备试液

1）从试样溶液中准确吸取 50 mL 试液，置于 250 mL 锥形瓶中。

2）用滴定管准确加入过量的 0.03 mol/L EDTA 标准溶液 30～40 mL（一般过量 3～5 mL）。

3）将加有过量 EDTA 标准溶液的试样溶液，置于低温电炉的石棉网上，加热至近沸时取下。

4）加入 1 滴对硝基苯酚指示剂，用 1∶1 氨水溶液调节至溶液刚变黄色，再滴加 1∶1 HCl 至黄色刚好消失。

5）加入 10 mL $NH_4Ac-HAc$ 缓冲溶液，此时溶液的 pH≈5～6。

6）加热至沸，保持微沸 2～3 min，取下锥形瓶，冷却。

（3）滴定

1）加入 3～4 滴二甲酚橙指示剂。

2）用 0.03 mol/L 乙酸锌标准溶液返滴试样溶液中剩余的 EDTA，滴定至溶液由黄色变为稳定的红色，即为终点。

（4）计算

氧化铝的含量按下式计算：

$$Al_2O_3\% = \frac{101.96 \times [C_{(EDTA)} \times V - C_{(ZnAc_2)} \times V_1]}{2 \times 1\,000 \times \frac{50}{250} \times G} \times 100\% - 0.638\,4 \times Fe_2O_3\%$$

式中 $C_{(EDTA)}$——EDTA 标准溶液的量浓度，mol/L；

$C_{(ZnAc_2)}$——乙酸锌标准溶液的量浓度，mol/L；

V——滴定前加入的 EDTA 标准溶液的体积，mL；

V_1——滴定时消耗的乙酸锌标准溶液的体积，mL；

G——试样质量，g；

101.96——氧化铝的摩尔质量，g/mol；

0.638 4——氧化铁换算为氧化铝的系数，其值等于氧化铝与氧化铁的摩尔质量比。

3. 注意事项

（1）溶液的 pH 值是本滴定的关键。如果 pH<3，由于溶液酸度较高，铝离子不能与 EDTA 完全反应；如果 pH>4，铝离子将逐步水解，生成羟基配合物，甚至生成氢氧化铝沉淀而不能与 EDTA 反应。当 pH 值在 3～4 之间，再加热煮沸几分钟，反应可达到完全，但不能剧沸，否则会引起 Fe^{3+} 离子水解。

（2）铁等元素在此条件下也能与 EDTA 反应，故必须从含量中减去铁含量，才能得到氧化铝的真实含量。

（3）大量钙的存在对铝的测定有干扰。当溶液 pH>4.5 时，部分钙与 EDTA 反应，易使测定结果偏高，而且滴定终点不明显。此时可在 pH=4 的条件下，用 PAN 作为指示剂，用铜盐标准溶液滴定。

（4）本法适合于氧化铝含量在 0.5%以上的试样，若含量低于 0.5%，建议选用铬天青 S 分光光度法进行测定。

（5）吸取试液的体积应控制在含 Al_2O_3 约 20～30 mg，如果不知道试样中 Fe^{3+}、Al^{3+} 的大致含量，则应先进行一次粗略滴定，根据 EDTA 溶液的用量，再过量 10 mL。

第 3 节　EDTA 配位滴定法测定氧化钙、氧化镁

学习单元 1　氧化钙的测定

学习目标

➢ 掌握 EDTA 配位滴定法测定玻璃或原料中氧化钙的原理

➢ 能用 EDTA 配位滴定法测定玻璃或原料中的氧化钙

一、EDTA 配位滴定法测定氧化钙的原理

方解石、白云石的主要成分为碳酸钙和碳酸镁，用盐酸就能溶解，并以 Ca^{2+}、Mg^{2+} 等离子形式转入溶液中（剩余残渣作为酸不溶物处理）。在 pH≈8～13 时，钙离子可与 EDTA 定量反应，但其配合物稳定常数不大，$K_{稳}=10^{10.96}$，加之在白云石中钙、镁共存，故本法采用在 pH＞12 时滴定，一是有利于提高配合物的稳定性，二是在 pH＞12 时，镁离子生成氢氧化镁沉淀，可排除其干扰。滴定时用钙指示剂指示终点，钙离子与指示剂生成酒红色配合物，当滴定到达终点时，溶液呈纯蓝色。

当试样中含有少量铁离子、铝离子、钛离子而干扰测定时，可直接加入三乙醇胺溶液掩蔽。

二、EDTA 配位滴定法测定氧化钙的操作

1. 操作准备

（1）准备仪器

分析天平，酸滴定管，250 mL、1 000 mL 烧杯，5 mL、25 mL、100 mL 量筒，500 mL 塑料烧杯，25 mL 吸量管，250 mL 容量瓶，电热干燥箱，低温电炉，

漏斗，滤纸。

（2）准备试剂

1）1∶1 HCl 溶液。

2）2%HCl 溶液：用量筒量取 5 mL 浓 HCl，转移至烧杯中，蒸馏水稀释到 250 mL。

3）20%NaOH 溶液：取 20 g 分析纯固体氢氧化钠，置于 500 mL 塑料烧杯中，加 100 mL 蒸馏水或去离子水溶解。

4）1∶1 三乙醇胺溶液。

5）0.02 mol/L EDTA 标准溶液：称取 8 g 分析纯乙二胺四乙酸二钠盐试剂，置于烧杯中。向烧杯中加入 300～400 mL 温水，用玻璃棒搅拌，将试剂溶解，用水稀释到 1 000 mL，搅拌均匀，用基准碳酸钙标定。

6）钙指示剂：称取 1 g 钙指示剂与 100 g NaCl，研细、混匀。

7）pH 试纸。

（3）干燥试样

取适量试样（石灰石或白云石），置于称量瓶中，将称量瓶放入电热干燥箱中，在 105～110℃干燥至恒重。

2. 操作步骤

（1）溶解试样

1）准确称取 0.5 g 左右试样，置于 250 mL 烧杯中，以水润湿。

2）向烧杯中加入 100 mL 蒸馏水，再徐徐加入 15 mL 1∶1 HCl 溶液，盖上表面皿。

3）在低温电炉上小火加热煮沸 10 min，直至二氧化碳气体不再逸出。

4）用 1∶1 HCl 溶液检查试样是否完全溶解。

5）试样溶解后，移开表面皿，并用水吹洗表面皿，静置片刻。

（2）过滤

1）待沉淀沉降后，趁热用慢速滤纸过滤，并以热的 2% HCl 洗涤 8～10 次，再以热水洗 2～3 次。

2）将滤液及洗液收集于 250 mL 容量瓶中，用水稀释至标线，摇匀待用。

此试液可供测定钙、镁、铁、铝等，或用第 2 节中制备的试样（如卡石）溶液。

（3）测定钙含量

1）吸取 25 mL 试液，置于 250 mL 烧杯中，以 25 mL 水稀释，加入 3 mL 1∶1 三乙醇胺溶液，掩蔽干扰离子。

2）向烧杯中滴加 20%NaOH，至溶液 pH=12，再过量 2 mL。

3）加入适量钙指示剂。

4）用 0.02 mol/L EDTA 标准溶液滴定，至溶液由酒红色变为蓝色，即为终点。

（4）计算氧化钙的含量

$$CaO\%=\frac{56.08\times C_{(EDTA)}\times V_1}{1\,000\times\frac{25}{250}\times G}\times 100\%$$

式中　$C_{(EDTA)}$——EDTA 标准溶液的量浓度，mol/L；

V_1——滴定时消耗 EDTA 标准溶液的体积，mL；

G——试样质量，g；

56.08——氧化钙的摩尔质量，g/mol。

3. 注意事项

（1）三乙醇胺可掩蔽 90 mg 以下的氧化铁、55 mg 以下的氧化铝，因此，在一般情况下，玻璃中钙的测定仅三乙醇胺掩蔽就可得到良好的结果。但三乙醇胺必须在酸性溶液中加入，然后再碱化，否则铁离子已生成氢氧化铁沉淀而不易被掩蔽。

（2）调节 pH≈12～13 后不可放置过久，以防吸收空气中二氧化碳而生成碳酸钙，影响终点判别。

（3）当分析长石试样时，由于钙、镁等含量较低，而铁、铝等含量较高。为了消除铁、铝等离子对配位滴定的影响，可先在弱碱性溶液中使铁、铝等离子沉淀排除，再在酸性溶液中加三乙醇胺，掩蔽剩余离子。沉淀 Fe^{3+}、Al^{3+} 等离子的具体做法是：

1）准确吸取 50 mL 试液，置于 250 mL 烧杯中，用水稀释至约 100 mL，加热至沸。

2）用 1∶1 氨水溶液中和至开始出现沉淀，再加 2～3 滴甲基红指示剂，继续滴加 1∶1 氨水溶液至溶液呈黄色后，再过量 2～3 滴。

3）加热煮沸 3～5 min，取下，静止片刻。

4）趁热用快速滤纸过滤。

5）用热的 2% NH_4NO_3 溶液洗涤 8～10 次，把滤液和洗液收集到 250 mL 烧杯中。以下测定操作同步骤 3。

（4）长石试样也可用三乙醇胺＋酒石酸钾钠掩蔽铁、铝后，用 EDTA 直接滴定钙。

学习单元 2 氧化镁的测定

学习目标

➢ 掌握 EDTA 配位滴定法测定玻璃或原料中氧化镁的原理

➢ 能用 EDTA 配位滴定法测定玻璃或原料中的氧化镁

一、EDTA 配位滴定法测定氧化镁的原理

在碱性溶液中，镁可与 EDTA 生成无色络合物，其稳定常数 $K_{稳}=10^{8.7}$，增大溶液 pH 值虽然有利于提高络合物的稳定性，但当 pH>10.4 时，就开始析出氢氧化镁沉淀而影响滴定，故该法选择在 pH=10 时滴定，并用氨性缓冲溶液来控制。可见，在钙、镁离子的混合溶液中，当溶液的 pH=10 时，用 EDTA 滴定的是钙镁合量，在减去钙的量后，就可求得镁的含量。滴定时以铬黑 T 为指示剂。铬黑 T 与镁生成紫色络合物，滴定至终点时，由紫红色突变为纯蓝色。

二、EDTA 配位滴定法测定氧化镁的操作

1. 操作准备

（1）仪器

酸滴定管，300 mL、1 000 mL 烧杯，25 mL 吸量管，5 mL、10 mL、500 mL 量筒，托盘天平。

（2）试剂

1）1∶1 三乙醇胺溶液。

2）1∶1 氨水溶液。

3）pH=10 的 NH_3-NH_4Cl 缓冲溶液：称取 54 g NH_4Cl，溶于水中，加 350 mL浓氨水，稀释至 1 000 m L。

4）铬黑 T 指示剂：称取 1 g 铬黑 T，与 100 g NaCl 研细、混匀。

5）0.02 mol/L EDTA 标准溶液：称取 8 g 分析纯乙二胺四乙酸二钠盐试剂，置于烧杯中。向烧杯中加入 300～400 mL 温水，用玻璃棒搅拌，将试剂溶解，用水稀释到 1 000 mL，搅拌均匀，用基准碳酸钙标定。

2. 操作步骤

（1）准备试液

1）吸取 25 mL 试液，置于 300 mL 烧杯中，以 25 mL 水稀释。

2）向烧杯中加入 3 mL 1∶1 三乙醇胺溶液，掩蔽干扰离子。

（2）测定钙、镁合量

1）用 1∶1 氨水溶液调节试液溶液 pH＝10，再加 10 mL pH＝10 的氨性缓冲溶液。

2）加入适量的铬黑 T 指示剂。

3）用 0.02 mol/L EDTA 标准溶液滴定至溶液由紫红色变为蓝色，即为终点。

（3）计算氧化镁的含量

按如下公式计算氧化镁的含量：

$$MgO\% = \frac{40.31 \times C_{(EDTA)} \times (V_2 - V_1)}{1\,000 \times \frac{25}{250} \times G} \times 100\%$$

式中　$C_{(EDTA)}$——EDTA 标准溶液的量浓度，mol/L；

V_1——滴定钙时消耗 EDTA 标准溶液的体积，mL；

V_2——滴定钙、镁合量时消耗 EDTA 标准溶液的体积，mL；

G——试样质量，g；

40.31——氧化镁的摩尔质量，g/mol。

3. 注意事项

（1）滴定消耗的 EDTA 标准溶液，用于 Ca^{2+}、Mg^{2+} 等形成钙配合物、镁配合物所共同消耗，应予以注意。

（2）铬黑 T 本身是带有两个灵敏变色区的酸－碱指示剂，在 pH＜6 时为酒红色，在 pH≈8～12 之间为蓝色，而在 pH＞13 时则为橙色。滴定时要注意。

第 4 节　酸碱滴定法测定氧化硼

学习目标

➢ 掌握酸碱滴定法测定玻璃或原料中氧化硼的原理

➢ 能用酸碱滴定法测定玻璃或原料中的氧化硼

一、酸碱滴定法测定氧化硼的原理

硼酸是一种很弱的酸（$K_a=5.7\times10^{-10}$），当直接用氢氧化钠标准溶液滴定时，等当点的 pH 值约为 11，此时，没有适宜的指示剂指示终点，所以，不能用碱直接滴定，需用间接法测定。在含有硼酸的溶液中，加入甘露醇，与硼酸作用生成较强的配位酸——甘露醇硼酸（$K_a=8.4\times10^{-6}$），使弱酸强化，再用氢氧化钠标准溶液进行滴定，等当点时溶液的 pH 值为 9 左右，用酚酞作为指示剂，由消耗氢氧化钠标准溶液的体积求得氧化硼的含量。反应如下：

$$H_3BO_3+C_6H_8(OH)_6=C_6H_8(OH)_4HBO_3+2H_2O$$

$$C_6H_8(OH)_4HBO_3+NaOH=C_6H_8(OH)_4NaBO_3+H_2O$$

二、酸碱滴定法测定氧化硼的操作

1. 操作准备

（1）仪器

分析天平、碱式滴定管、250 mL 锥形瓶、量筒、低温电炉、石棉网。

（2）试剂

1）甘露醇［$CH_2(OH)(CHOH)_4CH_2OH$］。

2）0.1 mol/L 氢氧化钠标准溶液：称取 4 g NaOH，用少量蒸馏水对所称氢氧化钠颗粒迅速清洗 2～3 次，以除去固体表面生成的 Na_2CO_3。将洗涤的液体弃去，重新加入已除去 CO_2 的蒸馏水，使之溶解，并转移到一清洁的细口瓶中，用不含 CO_2 的蒸馏水稀释至 1 000 mL，用橡皮塞塞住瓶口，充分摇匀，用基准邻苯二甲酸氢钾标定其准确浓度。

3）0.1%酚酞指示剂溶液：将 0.1 g 酚酞溶于 100 mL 90%乙醇溶液中。

2. 操作步骤

（1）准备试液

1）在分析天平上准确称取 0.2 g 硼酸试样，置于 250 mL 锥形瓶中。

2）用 50 mL 刚煮沸的热水溶解试样，迅速冷却。

3）向锥形瓶中加入 5～6 滴酚酞指示剂和 2 g 甘露醇。

（2）滴定

1）用 0.1 mol/L 氢氧化钠标准溶液滴定试样溶液，至溶液呈微红色。

2）再加 1 g 甘露醇，如红色退去，再以 NaOH 滴至微红色，如此反复进行，直至加入甘露醇后溶液的红色不退，即为终点。

（3）计算氧化硼的含量

$$B_2O_3\% = \frac{69.62 \times C \times V}{2 \times 1\,000 \times G} \times 100\%$$

式中　C——NaOH 标准溶液的量浓度，mol/L；

V——滴定时消耗 NaOH 标准溶液的体积，mL；

G——试样质量，g；

69.62——氧化硼的摩尔质量，g/mol。

3. 注意事项

（1）硼砂烘干时易失去结晶水（超过 60℃时，会由 10 份结晶水变为 5 份结晶水），故称取试样可不经烘干。若需测定吸附水分时，需在 80℃以下干燥，超过此温度，有失水的可能，此时测定的氧化钠、氧化硼的含量会高于理论含量（Na_2O 16.25%，B_2O_3 36.5%）。

（2）硼酸与甘露醇反应生成甘露醇硼酸，其反应是可逆的，在滴定过程中，为保证作用完全，甘露醇必须大大过量，反复加入，直至滴定到产生稳定的红色为止（所有硼酸都定量地转化为甘露醇硼酸）。

（3）滴定时体积应控制在 100 mL 以内为好，否则试液中甘露醇的浓度降低，不利于甘露醇硼酸的形成。

本章思考题

1. 用酸碱滴定理论分析时，为什么不能直接用氢氧化钠标准溶液滴定试样中 H_3BO_3 的含量？本实验测定 H_3BO_3 用的是哪种滴定方式？

2. 在用 NaOH 标准溶液滴定甘露醇硼酸之前滴加的 NaOH 标准溶液的体积是否要计量？为什么？

3. 在实验中能否用氨性缓冲溶液代替氢氧化钠溶液？

4. 试述掩蔽 Fe^{3+}、Al^{3+} 等离子的方法和条件，为什么？

5. 采用什么方法在 Ca^{2+}、Mg^{2+} 等离子共存条件下单独滴定 Ca^{2+}？

6. 配位滴定法测定石灰石、白云石中钙、镁含量的原理是什么？钙、镁共存对测定有无妨碍？为什么？

7. 在 Fe^{3+}、Al^{3+} 等离子共存时，用 EDTA 法测定 Al^{3+} 离子含量是怎样避免 Fe^{3+} 等离子干扰的？怎样控制溶液的酸度？

8. 在测定 Al^{3+} 的实验中，为什么要控制试液的温度？怎样控制？为什么要注意 EDTA 标准溶液的加入量？以加入多少为宜？

9. 在 Fe^{3+}、Al^{3+}、Ca^{2+}、Mg^{2+} 等离子共存的溶液中，以 EDTA 标准溶液分别滴定 Fe^{3+}、Al^{3+}、Ca^{2+} 等离子以及 Ca^{2+}、Mg^{2+} 等离子的含量时，是怎样消除其他共存离子干扰的？

10. 如果 Fe^{3+} 离子的测定结果不准确，对 Al^{3+} 离子的测定结果有什么影响？

11. 在 Ca^{2+} 离子的测定中，为什么要先加三乙醇胺而后加 NaOH 溶液？

12. 称取 0.530 5 g 硅酸盐试样，用氟氢酸处理后溶液总体积为 250 mL。取出 25 mL，掩蔽铁后，调 pH=12，用钙指示剂并以 0.01 mol/L 的 EDTA 滴定至终点，用去 5.15 mL。另取 25 mL 溶液，分离铁铝后，调 pH=10，以铬黑 T 为指示剂，用同一 EDTA 滴定至终点，又用去 9.20 mL。求 CaO 和 MgO 的百分含量。

第3章

玻璃及原料的仪器分析

第1节　比色分光光度法

学习单元1　硅钼蓝分光光度法测定微量氧化硅

学习目标

➢ 掌握硅钼蓝分光光度法测定微量氧化硅的原理

➢ 能用分光光度计测定玻璃及原料中微量的氧化硅

一、硅钼蓝法测定微量氧化硅的原理

二氧化硅的比色测定法，有硅钼黄和硅钼蓝两种方法。

硅钼黄法是由单硅酸与钼酸铵在适当的条件下生成黄色的硅钼酸配合物 $H_8[Si(Mo_2O_7)_6]$（硅钼黄）：

$$H_4SiO_4 + 12H_2MoO_4 \rightarrow H_8[Si(Mo_2O_7)_6] + 10H_2O$$

硅钼蓝法是把生成的硅钼黄用还原剂（如亚铁盐、抗坏血酸等）还原成蓝色的配合物 $H_8[(Mo_2O_5)Si(Mo_2O_7)_5]$（硅钼蓝）：

$$H_8[Si(Mo_2O_7)_6] + 2SnCl_2 + 4HCl \rightarrow$$
$$H_8[(Mo_2O_5)Si(Mo_2O_7)_5] + 2SnCl_4 + 2H_2O$$

硅钼蓝的颜色深度和吸收光谱随还原剂的不同而有差异，用抗坏血酸时，极大吸收在 700 nm，而用氯化亚锡时在 810 nm。

以上两步反应看起来很简单，实际上使它们定量地进行反应是一个十分复杂的过程。

首先被测的硅酸必须是正硅酸，即 α 硅酸。硅酸由于聚合程度的不同，可分为三种变体：α 硅酸是完全未聚合的硅酸，能和钼酸铵作用生成硅钼配离子。β 硅酸不能和钼酸铵作用，也未能充分聚合，不能为动物胶所凝聚。γ 硅酸是充分聚合的硅酸，已达到胶状粒子的大小，可用滤纸过滤，用重量法测定。因此，在比色前必须把硅酸控制在 α 状态，否则，硅酸就不能显色。为了使 β 硅酸和 γ 硅酸转化成 α 硅酸，一般采用加入适量的 KF，使其生成氟硅酸离子，就能和钼酸铵显色。

在规定的条件下，所生成的黄色或蓝色的硅钼酸配合物的颜色深度与被测溶液中二氧化硅的浓度成正比，以此测得溶液中微量的 SiO_2。

上述两种方法各有其特点，硅钼黄法通常可测得的 SiO_2 浓度在 5～100 μg/mL，而硅钼蓝法测量的灵敏度远比前者高，可测得 0.1 μg/mL 的 SiO_2。因此，在采用比色分光光度分析法测定微量二氧化硅时，多采用硅钼蓝比色法。

为了精确测定试样中的二氧化硅含量，通常将盐酸一次脱水重量法与比色法结合，用盐酸一次重脱水量法求得二氧化硅的主要含量，再取部分滤液，用硅钼黄或硅钼蓝分光光度分析法求得滤液中残留的二氧化硅含量，二者之和就是试样中二氧化硅的总含量。

二、硅钼蓝法测定微量氧化硅的操作

1. 操作准备

（1）准备仪器

721 型分光光度计，高温电炉，铂坩埚，瓷坩埚，坩埚钳，托盘天平，分析天平，低温电炉，石棉网，250 mL、1 000 mL 玻璃烧杯，5 mL、10 mL、25 mL、250 mL、1 000 mL 量筒，100 mL、250 mL、1 000 mL 容量瓶，塑料试剂瓶，25 mL吸量管，分度吸量管，100 mL、500 mL 塑料烧杯。

（2）准备试剂

1）高纯二氧化硅（$SiO_2 \geqslant 99.99\%$）。

2）无水碳酸钠。

3）4.5 mol/L 硫酸溶液：250 mL 浓 H_2SO_4，缓缓倾入 750 mL 水中。

4）1∶1 硫酸溶液。

5）3 mol/L 硫酸溶液：167 mL 浓 H_2SO_4，缓缓倾入 833 mL 水中。

6）无水乙醇。

7）95%乙醇溶液。

8）5%钼酸铵溶液：在托盘天平上称取 5 g 钼酸铵，置于玻璃烧杯中，用 100 mL去离子水溶解，静置一昼夜，过滤后使用。

9）2%氟化钾溶液：在托盘天平上称取 2 g 氟化钾，置于塑料烧杯中，用去离子水溶解，稀释至 100 mL，储存于塑料试剂瓶中备用。

10）2%硼酸溶液：在托盘天平上称取 2 g 硼酸，置于玻璃烧杯，用去离子水溶解，稀释至 100 mL。

11）10%氢氧化钠溶液：用托盘天平称取 10 g 氢氧化钠溶，置于玻璃烧杯，用去离子水溶解，稀释至 100 mL。

12）1∶9 氨水溶液。

13）1∶9 盐酸溶液。

14）2%抗坏血酸：将 2 g 抗坏血酸溶解于 100 mL 水中，过滤后使用，要在使用时新鲜配制。

15）氢氟酸。

16）草酸。

17）硫酸亚铁。

18）0.5%对硝基酚指示剂：在托盘天平上称取 0.5 g 对硝基酚指示剂，置于玻璃滴瓶中，用乙醇溶解，并稀释至 100 mL。

19）钼蓝显色剂：在托盘天平上称取 20 g 草酸、15 g 硫酸亚铁，溶于 1 000 mL 3 mol/L硫酸溶液中。

（3）灼烧高纯二氧化硅

取适量高纯二氧化硅试剂，置于瓷坩埚中，放入高温电炉，在 1 000℃高温下灼烧 1 h，取出，冷却，置于干燥器中备用。

（4）制备 0.10 mg/mL 二氧化硅标准溶液

比色分光光度分析法的关键是制作二氧化硅标准溶液。

1）准确称取 0.100 0 g 预先经 1 000℃灼烧 1 h 的高纯二氧化硅（≥99.99%），放入铂坩埚中，加 4 g 无水碳酸钠，混匀。

2）将铂坩埚置于低温电炉上加热，再转移至高温电炉，逐渐升高温度至

1 000℃熔融。熔融时间不宜过长，一般在熔融至透明后，再继续于高温下熔融2～3 min即可。取出铂坩埚，冷却。

3）用热水将熔融物浸出于塑料烧杯中，加200 mL沸水，用塑料筷子搅拌，待全部溶解后（此时溶液应完全澄清），冷却至室温，移入1 000 mL容量瓶。然后加水稀释至标线，摇匀后移至塑料瓶中，以保存备用。

（5）绘制标准曲线

1）于一组100 mL容量瓶中，各加1 mL 4.5 mol/L硫酸和10 mL去离子水，摇匀。

2）分别准确加入0 mL、2 mL、4 mL、6 mL、8 mL、10 mL 0.10 mg/mL二氧化硅标准溶液。

3）依次加入10 mL95％乙醇、5 mL 5％钼酸铵溶液，摇匀，于20℃左右放置15 min。

4）加20 mL钼蓝显色剂，立即摇匀，冷至室温后，加去离子水稀释至90 mL，再加5 mL 2％抗坏血酸，然后加水稀释至标线，摇匀。

5）1 h后，于721型分光光度计上用5 mm比色皿，在波长700 nm处依次测定其吸光值，绘制浓度—吸光值曲线。

2. 操作步骤

（1）重量法沉淀的处理

1）将盐酸一次脱水重量法得到的沉淀及滤纸一并移入铂坩埚中，放在低温电炉上先以低温烤干，再升高温度使滤纸充分灰化。

2）将铂坩埚置于高温电炉中，在1 000℃的高温下灼烧40 min。

3）取出坩埚，置于干燥器中，冷至室温，称量。如此反复灼烧，直至恒重。

4）将沉淀用数滴水润湿，加2～3滴1∶1硫酸溶液及5～7 mL氢氟酸，于低温电炉上缓慢加热挥发，至近干时取下，稍冷，再加2～3 mL 1∶1硫酸溶液及3～5 mL氢氟酸，继续加热挥发，至三氧化硫白烟完全逸尽。

5）将坩埚置于高温电炉中，在1 000℃的温度下灼烧30 min，冷却，称量。如此反复灼烧，直至恒重。

（2）制备试样比色溶液

1）将盐酸一次脱水重量法分离二氧化硅后的滤液冷至室温，移入250 mL容量瓶中，加水稀释至标线，摇匀。

2）吸取25 mL试样溶液，放入100 mL容量瓶中。

3）加入5 mL 2％氟化钾溶液，放置10 min，滴加1滴0.5％对硝基酚指示剂溶液，滴加 1∶9 氨水溶液，至溶液变黄。

4）依次加入 5 mL 1∶9 盐酸溶液、20 mL 沸水、10 mL 95％乙醇溶液及 5 mL 5％钼酸铵溶液，摇匀，于 20℃左右放置 15 min。

5）加入 20 mL 钼蓝显色剂，立刻摇匀，冷至室温后，加去离子水稀释至约 90 mL，再加 5 mL 2％抗坏血酸，然后加去离子水稀释至标线，摇匀。

（3）测定

将配制好的试样比色溶液在 721 型分光光度计上，以与测定二氧化硅标准溶液相同的步骤，测定试样溶液的吸光度。

（4）计算氧化硅的含量

按如下公式计算氧化硅的含量：

$$SiO_2\% = \frac{(G_1 - G_2) + \frac{250}{25} \times 10^{-6} \times C}{G} \times 100\%$$

式中　G_1——灼烧后未经氢氟酸处理的沉淀及坩埚的质量，g；

G_2——用氢氟酸处理并经灼烧后残渣及坩埚的质量，g；

G——试样质量，g；

C——在工作曲线上查得 100 mL 被测定溶液中二氧化硅的含量，μg。

3. 注意事项

（1）β硅钼酸的形成与温度关系十分密切，应尽量将温度控制在 20℃左右，夏天室温过高时，可用水冷却。

（2）由于抗坏血酸的还原速度较慢，故要静置 1 h 后比色为宜。当以氯化锡为还原剂时，应在 15 min 内比色。

（3）试液酸度太大，则硅钼黄形成缓慢，甚至不形成，所以，试样溶液在显色前必须调到中性。

学习单元 2　铬天青 S 分光光度法测定微量氧化铝

学习目标

➢ 掌握铬天青 S 法测定微量氧化铝的原理

➢ 能用分光光度计测定玻璃及原料中微量的氧化铝

一、铬天青S法测定微量氧化铝的原理

硅酸盐中铝含量的测定大多应用EDTA法。目前，用EDTA法滴定铝含量的方法颇多，常用的有返滴法、氟化物置换法及配位滴定差减法等。

对于某些含铝很低的试样，用比色法测定三氧化二铝含量，可以得到满意的效果。常用的比色法方法有铬天青S法（CAS）、埃铬菁R法（ECR）以及8－羟基喹啉法等。在日常分析中，前两种方法应用较多，但此两种方法存在的最大缺点是测定吸光度时受溶液的pH值影响较大，所以对操作条件要求较高。

近年来，利用形成三元配合物来提高显色反应的选择性和灵敏度，取得了较好的效果。常用的三元配合剂有溴化十四烷基吡啶（TPB）、氯化十四烷基二甲基苄基铵（ZEPH）、氯化十六烷基三甲基铵（CTMAC）、溴化十六烷基吡啶（CPB）等。

铬天青S分光光度法是在pH＝5.5时，铬天青S与铝形成红紫色配合物，借此进行比色分光光度法分析。

二、铬天青S法测定微量氧化铝的操作

1. 操作准备

（1）准备仪器

721型分光光度计，分析天平，250 mL烧杯，100 mL、500 mL、1 000 mL容量瓶，10 mL、25 mL吸量管，5 mL分度吸量管，50 mL量筒，低温电炉。

（2）准备试剂

1）基准纯或高纯金属铝。

2）1∶1盐酸溶液。

3）1∶20盐酸溶液。

4）1∶20氨水溶液。

5）1%抗坏血酸溶液：称取1 g抗坏血酸，溶解于100 mL水，过滤后使用，使用时新鲜配制。

6）0.2%百里酚蓝指示剂：称取0.2 g百里酚蓝指示剂，置于100 mL玻璃滴瓶中，用无水乙醇稀释到100 mL。

7）0.1%邻菲罗啉溶液：称取0.1 g邻菲罗啉指示剂，置于100 mL玻璃滴瓶中，用去离子水稀释到100 mL。

8）1%苦杏仁酸溶液：称取1 g苦杏仁酸，置于100 mL烧杯中，用去离子水

稀释到 100 mL。

9）乙酸—乙酸钠缓冲溶液（pH＝5.5）：称取 200 g 乙酸钠，溶于水，加 10 mL 冰乙酸，稀释至 1 000 mL。

10）1∶1 乙醇溶液。

11）0.02％铬天青 S—0.08％TPB 混合液：称取 0.16 g 纯度不低于 60％的铬天青 S，置于 300 mL 烧杯中，加入 200 mL 1∶1 乙醇溶液，搅拌溶解。再称取 0.08 g 溴化十四烷基吡啶，用 100 mL 乙醇溶解。将配好的 2 份溶液混合，形成混合液。

（3）配制 10 μg/mL 氧化铝标准溶液

1）在分析天平上准确称取 0.264 6 g 基准纯或高纯金属铝，置于 250 mL 烧杯中。

2）加入 50 mL 1∶1 盐酸溶液，低温加热溶解，冷却。

3）将溶液转移到 1 000 mL 容量瓶中，用水稀释至标线，摇匀。此溶液每毫升含 0.5 mg 氧化铝。

4）准确吸取该溶液 10 mL，置于 500 mL 容量瓶中，用水稀释至标线摇匀。此溶液每毫升含 10 μg 氧化铝。

（4）绘制氧化铝标准工作曲线

1）于一组 100 mL 容量瓶中，分别加入 0 mL、0.5 mL、1 mL、2 mL、3 mL、4 mL 10 μg/mL 氧化铝标准溶液，加水稀释至 30 mL。

2）加入 2 mL 1％抗坏血酸溶液，2 滴 0.2％百里酚蓝指示剂。

3）以 1∶20 氨水和 1∶20 盐酸调整溶液至出现红色（pH＝2）。

4）加 5 mL 1％邻菲罗啉溶液，2 mL 1％苦杏仁酸溶液，摇匀。

5）用吸量管准确加入 25 mL 0.02％铬天青 S—0.08％TPB 混合液，摇匀后放置 5 min。

6）加 5 mL 乙酸—乙酸钠缓冲溶液（pH＝5.5），摇匀，放置 10 min。

7）加水稀释至刻度，摇匀。

8）10 min 后，在 721 型分光光度计上，以试剂空白作参比，使用 1 cm 比色皿，在波长 610 nm 处测定并记录溶液的吸光度。

9）绘制标准工作曲线。

2. 操作步骤

（1）从 250 mL 试样溶液中吸出 50 mL（根据氧化铝含量适当量取溶液）溶液，放于 100 mL 容量瓶中，加水稀至 30 mL。

（2）以下步骤同氧化铝标准工作曲线的测定。

(3) 计算氧化铝的含量

按如下公式计算氧化铝的含量：

$$Al_2O_3\% = \frac{C \times 5}{G \times 10^6} \times 100\%$$

式中 C——在标准工作曲线上查得 100 mL 被测溶液中 Al_2O_3 的含量，μg；

5——全部试样溶液与所分取试样溶液的体积比；

G——试样的质量，g。

3. 注意事项

(1) 加入 25 mL 0.02%铬天青 S—0.08% TPB 混合液，要用吸量管准确移取。

(2) 本方法适用于氧化铝含量低于 0.5%的试样，如石英砂、高硅氧玻璃、硅质耐火材料等。

(3) Fe^{3+}、Ti^{4+} 对本法有干扰，可用抗坏血酸将其还原成 Fe^{2+}、Ti^{3+}，以消除干扰。

(4) 有色溶液的比色测定，以显色后 5～40 min 内测定为最佳，最长不得超过 60 min。

(5) 铬天青 S 溶液的放置时间不宜太长，最多可保存一周。

学习单元 3 过氧化氢分光光度法测定微量氧化钛

学习目标

➢ 掌握过氧化氢比色法测定微量氧化钛的原理

➢ 能用分光光度计测定玻璃及原料中微量的氧化钛

一、过氧化氢法测定微量氧化钛的原理

硅酸盐中氧化钛（以 TiO_2 计）含量一般不大。当含量在 1%以上时，可采用 EDTA 配位滴定法测定；含量在 1%以下，则采用比色法测定。比色法中应用较多的有过氧化氢比色法和二安替比林甲烷比色法。

钛盐极易水解，当 pH 值大于 0.5 时，即开始析出 $TiO(OH)_2$ 沉淀。只有在强酸性环境中才以 TiO^{2+} 离子状态存在。

在 0.5～1 mol/L 硫酸溶液中，TiO^{2+} 和 H_2O_2 生成 1∶1 的 $[TiO(H_2O_2)]^{2+}$ 黄色配合物，反应如下：

$$TiO^{2+} + H_2O_2 \rightarrow \underset{\text{黄色}}{[TiO(H_2O_2)]^{2+}}$$

该黄色配合物在 420 nm 处吸收较好，在 100 mL 溶液中氧化钛含量高达 10 mg，仍符合比尔定律，因此，高、低含量氧化钛均可使用本法测定。

$[TiO(H_2O_2)]^{2+}$ 不稳定，pH 值约为 4。因此，为了提高其稳定性，应使用过量的配位剂，以抑制配离子的电离。但是 H_2O_2 不宜过多，因为过多的 H_2O_2 会分解产生气泡附在比色皿内壁上，增大吸光度，产生误差。

当溶液中有 Fe^{3+} 存在时，也能使溶液呈现黄色，影响测定。可加入磷酸与 Fe^{3+} 生成无色配合物，以消除 Fe^{3+} 的干扰。

二、过氧化氢法测定微量氧化钛的操作

1. 操作准备

（1）准备仪器

721 型分光光度计，分析天平，托盘天平，电热恒温干燥箱，400 mL 烧杯，50 mL、100 mL、250 mL、500 mL、1 000 mL 容量瓶，5 mL、10 mL、25 mL、50 mL 量筒，15 mL 塑料量筒，10 mL、15 mL 分度吸量管，10 mL 吸量管，低温电炉，铂皿，砂浴电炉。

（2）准备试剂

1）优级纯二氧化钛。

2）磷酸。

3）1∶1 硫酸溶液。

4）3 mol/L 硫酸溶液：167 mL 浓 H_2SO_4，缓缓倾入 833 mL 水中。

5）5％硫酸溶液：29 mL 浓 H_2SO_4，缓缓倾入 971 mL 水中。

6）硫酸铵。

7）30％过氧化氢溶液。

8）3％过氧化氢溶液：取 10 mL 30％过氧化氢溶液，置于 100 mL 烧杯中，用去离子水稀释到 100 mL。

9）草酸钛钾 $[K_2TiO(C_2O_4)\cdot 2H_2O]$。

10）氢氟酸。

（3）制备 0.1 mg/mL 钛标准溶液

1）在分析天平上准确称取优级纯二氧化钛 0.1 g，置于 400 mL 烧杯中。

2）加 20 mL 3 mol/L 硫酸和 2 g 硫酸铵。

3）在低温电炉上小心加热至完全溶解。

4）冷却后，于 1 000 mL 容量瓶定容，此溶液每毫升含 0.1 mg 二氧化钛。

（4）制备 0.2 mg/mL 钛标准溶液

1）在分析天平上精确称取草酸钛钾［$K_2TiO(C_2O_4)\cdot 2H_2O$］0.443 3 g，用水溶解于 500 mL 容量瓶中。

2）加入 50 mL 1∶1 硫酸溶液，用去离子水稀释。此溶液每毫升含 0.2 mg 二氧化钛。

（5）绘制过氧化氢比色法标准工作曲线Ⅰ

1）吸取 0.1 mg/mL 二氧化钛标准溶液 0 mL、2 mL、4 mL、6 mL、8 mL、10 mL，置于一组 50 mL 容量瓶中。

2）加水稀释至 25 mL，加 1 mL 浓磷酸、5 滴 30%过氧化氢，用 5%硫酸溶液稀释至刻度，摇匀。

3）在 721 型分光光度计上，以 1 cm 比色皿，于波长 420 nm 处测定并记录吸光度。

4）绘制标准工作曲线Ⅰ。

（6）绘制过氧化氢比色法标准工作曲线Ⅱ

1）吸取 0.2 mg/mL 二氧化钛标准溶液 0 mL、2.5 mL、5 mL、7.5 mL、10 mL、12.5 mL、15 mL，置于一组 100 mL 容量瓶中。

2）加入 10 滴浓磷酸，10 mL 1∶1 硫酸，5 mL 3% 过氧化氢溶液。加水稀释至刻度，摇匀。

3）在 721 型分光光度计上，以 2 cm 比色皿，于波长 420 nm 处测其定并记录吸光度。

4）绘制标准工作曲线Ⅱ。

2. 操作步骤

（1）处理试样

1）将含有氧化钛的玻璃试样研细后，在电热恒温干燥箱中，于 105℃烘干，冷却至室温。

2）用精密天平称取 0.5 g 试样，放于铂皿中。

3）加入 10 mL 1∶1 硫酸和 15 mL 氢氟酸。

4）将铂皿置于砂浴电炉上蒸至湿盐状态，取下冷却。

5）加 5 mL 1∶1 硫酸分解熔融物。

6）将溶液转移到 250 mL 容量瓶中，加去离子水稀释至刻度，摇匀，备用。

（2）测试

1）过氧化氢比色法Ⅰ

①从 250 mL 试样液中准确吸取 10 mL（视氧化钛含量而定），置于 50 mL 容量瓶中，加水稀释至约 25 mL。

②加入 1 mL 浓磷酸，5 滴 30%过氧化氢，用 5%硫酸溶液稀释至刻度，摇匀。

③在 721 型分光光度计上，以 1 cm 比色皿，于波长 420 nm 处测定并记录吸光度，从标准工作曲线Ⅰ上查出氧化钛含量。

2）过氧化氢比色法Ⅱ

①从 250 mL 试样液中准确吸取 10 mL（视氧化钛含量而定），置于100 mL容量瓶中，加水稀释至约 25 mL。

②加入 10 mL 1∶1 硫酸，5 mL 3% 过氧化氢，加水稀释至刻度，摇匀。

③在 721 型分光光度计上，以 2 cm 比色皿，于波长 420 nm 处测定并记录吸光度，从标准工作曲线Ⅱ上查出氧化钛含量。

（3）计算二氧化钛的含量

按如下公式计算二氧化钛的含量：

$$TiO_2\% = \frac{C\times 250}{G\times 1\,000\times 10}\times 100\%$$

式中　C——由标准工作曲线中查得 100 mL 被测溶液中二氧化钛的含量，mg；

G——试样质量，g。

3. 注意事项

加入磷酸的浓度一般以 2%为宜，样品中铁含量高时，可以适当增加，由于磷酸能减弱过氧化氢与钛络合物颜色的强度，因此，在标准系列和样品中应加入等量的磷酸。

学习单元 4　二安替比林甲烷分光光度法测定微量氧化钛

学习目标

➢ 掌握二安替比林甲烷比色法测定微量氧化钛的原理

➢ 能用分光光度计测定玻璃及原料中微量的氧化钛

一、二安替比林甲烷法测定微量氧化钛的原理

在 0.5～1 mol/L 盐酸溶液中，Ti^{4+} 与二安替比林甲烷（DAPM）生成可溶性黄色络合物，借此进行比色法测定。其反应如下：

$$TiO^{2+} + 3DAPM + 2H^{+} \rightleftharpoons [Ti(DAPM)_3]^{4+} + H_2O$$

黄色

如果溶液的酸度太低，一方面很容易引起 Ti^{4+} 的水解；另一方面当以抗坏血酸还原 Fe^{3+} 时，由于 Ti^{4+} 与抗坏血酸形成的微黄色配合物因酸度低而不易被破坏，会导致测定结果偏低。当溶液酸度达 1 mol/L 以上时，有色溶液的吸光度将随酸度的增大而明显下降，并且 Ti^{4+} 浓度越大，下降幅度也越大。

二、二安替比林甲烷法测定微量氧化钛的操作

1. 操作准备

（1）准备仪器

721 型分光光度计，100 mL、250 mL 容量瓶，10 mL、25 mL 量筒，10 mL、15 mL 分度吸量管，10 mL、25 mL 吸量管。

（2）准备试剂

1）1∶2 盐酸溶液。

2）1%抗坏血酸溶液：将 1 g 抗坏血酸溶解于 100 mL 水，过滤后使用，使用时新鲜配制。

3）3%二安替比林甲烷溶液：取 3 g 二安替比林甲烷，用无水乙醇稀释到 100 mL。

（3）配制钛标准系列溶液

1）将 0.1 mg/mL 钛标准溶液稀释为 0.05 mg/mL。

2）用吸量管向 5 个 100 mL 容量瓶中，分别放入 0 mL、2 mL、4 mL、6 mL、8 mL 0.05 mg/mL 二氧化钛标准溶液。

3）依次加入 10 mL 1∶2 HCl，10 mL 1%抗坏血酸溶液，摇匀，放置 5 min。

4）加入 20 mL 3%二安替比林甲烷溶液，然后用水稀释至标线，摇匀。

（4）绘制二安替比林甲烷法标准工作曲线

1）放置 40 min 后，用 721 型分光光度计，以试剂空白作参比，使用 1 cm 比色皿，在波长 420 nm（或 390 nm）处测定并记录溶液的吸光度。

2）按测得的吸光度与比色溶液浓度的关系绘制工作曲线。

2. 操作步骤

（1）处理试样

同过氧化氢比色法。

（2）测试

1）从 250 mL 试样溶液中吸取 25 mL，放入 100 mL 容量瓶中。

2）加入 10 mL 1∶2 HCl 溶液，10 mL 1%抗坏血酸溶液，放置 5 min。

3）再加入 20 mL 3%二安替比林甲烷溶液，然后用水稀释至标线，摇匀。放置 40 min。

4）用 721 型分光光度计，以试剂空白作参比，使用 1 cm 比色皿，在波长 420 nm（或 390 nm）处测定并记录溶液的吸光度，从标准工作曲线上查出氧化钛含量。

氧化钛含量的计算与过氧化氢比色法中的计算相同，在此不重述。

3. 注意事项

（1）二安替比林甲烷反应过程较慢，要放置够 40 min。

（2）氧化钛含量的计算公式与“过氧化氢比色法”中的计算公式相同，但要将公式中的“10”改为“25”。

第 2 节　火焰分光光度法测定氧化钠和氧化钾

学习目标

- 了解火焰分光光度计的结构和测定原理
- 掌握火焰分光光度法测定氧化钠、氧化钾的原理
- 能用火焰分光光度计测定玻璃及原料中的氧化钠和氧化钾

一、火焰分光光度法的原理

火焰分光光度法是以火焰为光源的发射光谱分析方法，也称为火焰发射光谱分析法。由于仪器结构及操作使用上与分光光度法非常相似，因此该法又称为火焰分光光度法。

将试样制成清液，然后将试样溶液用喷雾器以气溶胶的形式引入火焰光源中，

靠火焰的热能将试样元素原子化，并激发出它们的特征光谱，经干涉滤光片滤去杂光，待测辐射线投射到光电池上，转化为光电流，再利用光电检测系统测量出待测元素特征光谱的光强。元素在激发后所产生的谱线强度与该元素的浓度成正比关系，即：

$$I = f(C)$$

式中，I 是元素发射谱线强度，C 是火焰中元素浓度。但是谱线强度还与外界条件因素有关，如试样中元素的激发位能、激发温度，试样成分的蒸发速率、仪器的类型、共存元素的干扰影响等，故上式要写为：

$$I=ac^b$$

式中，a 决定于所有上述外界条件因素，b 值则决定于光源内部发生的辐射经光源外部不同温度的气层所发生的吸收现象，此值称为谱线的自吸常数，一般元素含量越高，辐射越强，自吸现象也越严重，此时 b 值也越小，标准曲线就会弯曲。当含量较低时，b 值接近于 1。因此，上式可改写为：

$$I=ac$$

影响 a 值的因素很多，但在同一仪器的整个操作过程中，激发温度和雾化效率的稳定是最大的影响因素。当某一元素的标准溶液和未知溶液在同一试验条件下进行测定，即 a 为定值时，则谱线强度与元素含量成正比。

实际上进入火焰的原子并不能全部被激发，被激发的只是很小的一部分。通常激发态原子数 N_j 与基态原子数 N_0 的比值是很小的，不同温度下钠共振线的 N_j/N_0 值见表 3—1。

表 3—1　　不同温度下钠共振线的 N_j/N_0 值

共振线	N_j/N_0			
	T=2 000 K	T=3 000 K	T=4 000 K	T=5 000 K
Na：589 nm	9.86×10^{-6}	5.88×10^{-4}	4.44×10^{-3}	1.51×10^{-2}

采用汽油和空气火焰，最高温度也就是 2 000 K 左右。因此，被激发的原子数仅占基态原子的百万分之几。激发态原子数的多少虽与灵敏度有关，但在定量时主要控制 N_j/N_0 的比值保持不变，也就是要使温度保持稳定。因此，采用紧密内插法或标准曲线法，使标准溶液与待测溶液在短暂的时间内完成测定，这样可以使激发温度接近于一定值。

溶液雾化的效率除了雾化器的结构，主要取决于压缩空气的压力和溶液的性质。为此，在整个测试过程中，必须使压缩空气压力保持稳定，标准溶液与待测溶液的介质尽量一致。雾化器的喷嘴孔径会严重影响雾化效率，因此必须保证喷嘴洁净，以确保喷嘴孔径不变。

由于火焰温度较低，所以激发能量较低，而且火焰燃烧时比较稳定，因此，火焰光度法具有谱线简单、重现性好等优点。主要缺点是能够用该法测定的元素数目较少，主要用于碱金属及碱土金属等激发电位较低元素的测定。火焰光度法测定低含量氧化钠的准确度与原子吸收光谱法测定结果相当，也适合于测定氧化钠、氧化钾含量在 20%以上的材料。在玻璃分析检验过程中，通常用火焰光度法测定钠、钾。此方法操作简便，速度快，测定结果准确，并适于大批试样的分析。

二、火焰分光光度计的结构

火焰光度法所用的仪器叫火焰分光光度计。火焰分光光度计有进口和国产的各种型号。虽然型号各不相同，但它们都是由燃烧系统、色散系统和检测系统三部分组成如图 3—1 所示。在玻璃分析检验中使用较多的火焰光度计有表 3—2 中所列的几种型号，其主要技术指标见表 3—2。

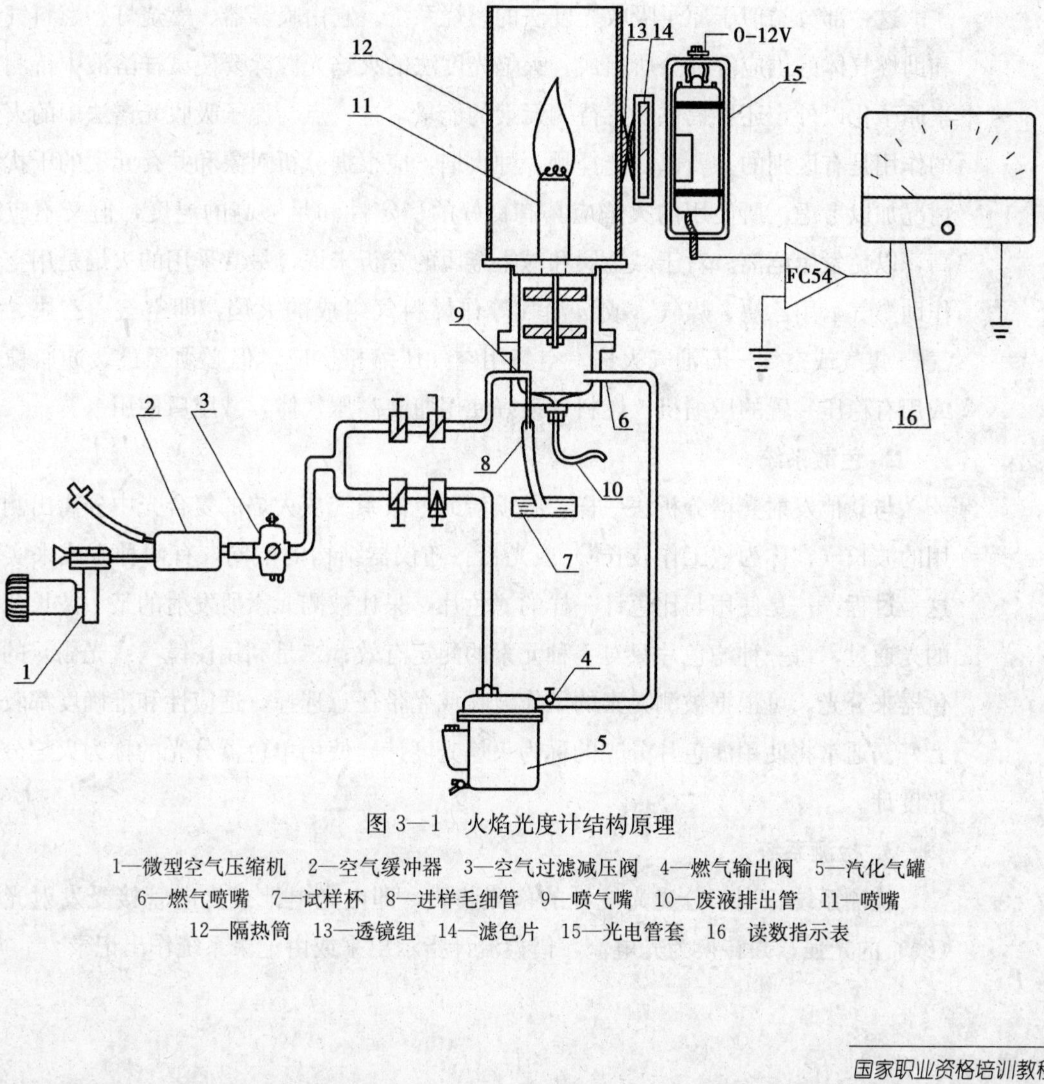

图 3—1 火焰光度计结构原理

1—微型空气压缩机 2—空气缓冲器 3—空气过滤减压阀 4—燃气输出阀 5—汽化气罐
6—燃气喷嘴 7—试样杯 8—进样毛细管 9—喷气嘴 10—废液排出管 11—喷嘴
12—隔热筒 13—透镜组 14—滤色片 15—光电管套 16 读数指示表

表 3—2　玻璃分析检验常用火焰光度计的型号及主要技术指标

型号	特点	主要技术指标
6400 A	①电表指针 ②燃料：液化气	①灵敏度：钾、钠 1 μg/mL 偏转满度 ②稳定性：同一试样在 15 s 内连续进样，表头指针漂移≤1 格 ③同一试样重复测试 7 次，表头指针读数差值≤2 格
FP6410	①三位数字显示，打印输出 ②燃料：汽油，改进气路后可用液化气	①量程：钾 1 mmol/L，钠 1.8 mmol/L ②稳定性：不大于 3 个数字
WGH－1	①三位数字显示，浓度直读，打印输出 ②燃料：液化气	①量程：钾 0.01～1 mmol/L，钠 0.01～2 mmol/L ②稳定性：钾≤4%，钠≤3% ③重复性：≤3%

火焰光度计的工作过程是：由雾化器将试样喷入火焰，激发发光，经分光后由检测器测量发射强度。

1. 燃烧系统

这一部分类似于原子吸收光度法的燃烧系统。它由喷雾器、燃烧灯、燃料气体和助燃气体的供应等部分所组成。火焰光度法的火焰光源除要使试样溶液中待测元素原子化以外，还要提供激发待测元素的能量，这一点与原子吸收光谱法中的火焰的作用是有区别的。所以，选择哪一种火焰，应根据分析对象和共存元素的干扰等情况加以考虑，所使用的火焰应具有良好的稳定性和足够高的温度，但又不应过高，以免发生电离。对于碱金属和碱土金属的分析来说，最常采用的火焰是用空气作助燃气，用乙炔、煤气、或石油气等作燃料气组成的火焰，即空气—乙炔、空气— 煤气或空气—石油气火焰。空气用空气压缩机供应，但必须经过缓冲瓶稳压或用有稳压装置的压缩机。燃料气最好使用瓶装高压气体，减压后使用。

2. 色散系统

与其他发射光谱分析法一样，必须借助色散系统从火焰的复合光中分离出测定用的波长（常称为“工作波长”）或光带。随仪器结构的不同，有两种方式来实现这一过程：一是使用与比色计一样的滤色片，只让被测元素所发射的某一波长范围的光通过，每一种滤色片只对一种元素的测定有效；二是利用棱镜（或光栅）的单色器来分光，可根据被测元素的工作波长或光带任意选择，适应性和准确度都较前者好。通常将使用滤色片分光的称为火焰光度计，使用单色器分光的称为火焰分光光度计。

3. 检测系统

检测系统相当于分光光度计的检测装置，即由光电池或光电管接受发射光谱（线）的光强，并转换为光电流，借检流计指示出来或由记录系统作出记录。

如果在火焰分光光度计单色器的色散焦面上，相当于各元素特征波长的位置分别设置出口狭缝，并分别用光电管或光电倍增管接受各工作波长的光能（同时转换为光电流），自动记录或数字显示读数，就可以构成“多孔道”直读火焰分光光度计。现已有可以同时测定钾、钠、钙、镁和锶等元素的这类仪器。

6400A 型和 FP6410 型火焰光度计的外形如图 3—2 所示。

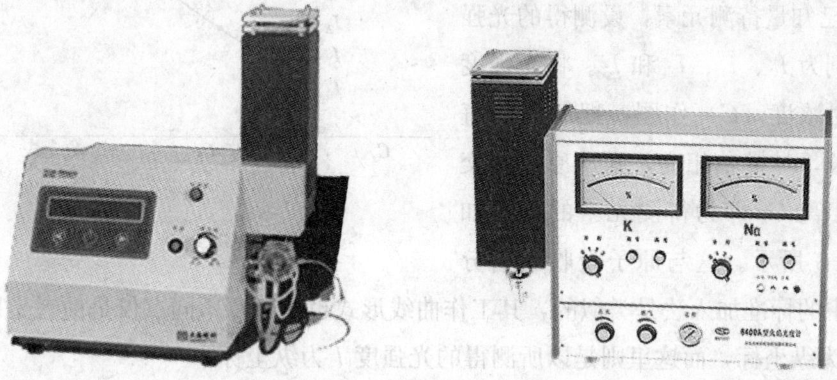

a）　　　　b）

图 3—2　火焰光度计外形

a）FP6410 型火焰光度计　b）6400A 型火焰光度计

三、火焰光度分析方法

常用的火焰光度定量分析方法有标准（工作）曲线法、精密内插法和标准加入法。

1. 标准（工作）曲线法

与比色分光光度法中的工作曲线法相同，即要先配制一系列浓度的被测元素的标准溶液。分析时，先在选定的工作波长下，用蒸馏水喷雾燃烧，调节检流计读数为零，然后将最浓的一个标准溶液引入火焰，调节灵敏度旋钮，使检流计有最大的刻度读数（用中间浓度的标准溶液，调读数至标尺中点亦可），然后再依次将各标准溶液分别引入火焰，测出相应的读数，再将这些读数对浓度绘制工作曲线。最后将试样溶液引入火焰，按所得读数由工作曲线查得待测试液的浓度。值得注意的是，在每分析一批试样的前后，或分析试液数目较多时，必须及时用一两个标准溶液来检验一下工作曲线。

标准曲线法要求待测试样溶液和标准溶液的组成基本相同。一般说来，待测试样的确切组成是不完全确知的，特别是在对试样中干扰物质的性质和数量不清楚的情况下，给排除干扰和配制与待测试样组成相似的标准化溶液带来困难。标准加入法可以克服这一困难。

2. 标准加入法

分取已制备好的待测试液四等份，向其中分别加入 C_0、C_1、C_2 和 C_3 的已知量待测元素，设测得的光强度分别为 I_0、I_1、I_2 和 I_3。将光强度（I）对浓度（C）作图，把所得的直线延长，与横轴相交，则从原点到交点的距离 C_x 即为待测元素的含量如图 3—3 所示。这与原子吸收光谱分析法中的标准加入法是类似的，其工作曲线形式也相似，不同点仅是前者是以吸光度 A 为纵坐标，而这里则是以所测得的光强度 I 为纵坐标。

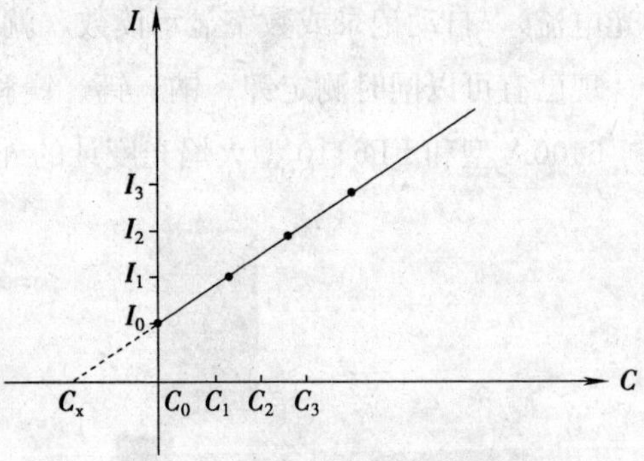

图 3—3 标准加入法

3. 精密内插法

对于干扰元素比较复杂的试样，为了消除干扰，可以采用精密内插法。

根据试样中氧化钠、氧化钾的含量，分别配制 1 号、2 号两个参比溶液各 200 mL：1号溶液比试样液中氧化钾、氧化钠的浓度低 5%～10%，2 号溶液比试样液浓度高 5%～10%，每一参比溶液加 4 mL 1∶1 硝酸。

将波长对准被测元素的特征谱线（钾 766.5 nm，钠 589.0 nm），或将被测元素的滤光片置于光路。用水及 2 号参比溶液喷雾，调整仪器零点及灵敏度，使水的光电流读数为零，2 号参比溶液的读数靠近 100。按 1 号参比溶液、试样溶液及 2 号参比溶液的顺序测量光电流读数 4～5 次，取平均值。

$$C_x = C_1 + \frac{I_x - I_1}{I_2 - I_1} \times (C_2 - C_1)$$

式中 C_x——试液中氧化物的浓度，mg/mL；

C_1——1 号参比溶液的浓度，mg/mL；

C_2——2 号参比溶液的浓度，mg/mL；

I_x——试液的光电流读数；

I_1——1 号参比溶液的光电流读数；

I_2——2 号参比溶液的光电流读数。

四、火焰分光光度法测定氧化钠、氧化钾的原理

试样用硫酸和氢氟酸分解后，制备成含各种金属离子的试液。碱金属和碱土金

属在火焰中产生光谱辐射，通过滤光片，使被测元素的辐射线投射在光电池上产生光电流，光电流大小取决于辐射强度，而辐射强度又与被测元素含量呈线性关系，从而可定量测定。

当试样（如长石等）中存在大量铝时，将使钠、钾辐射减弱，这时要先用氨水将 Al $(OH)_3$ 沉淀分离后，再于火焰光度计上测定。

五、火焰分光光度法测定氧化钠、氧化钾的操作

1. 操作准备

（1）准备仪器

6400 型或 6410 型火焰分光光度计，分析天平，500 mL 容量瓶，20 mL 分度吸量管，20 mL 吸量管，烧杯，电热恒温干燥箱，玛瑙研钵，铂皿，沙浴电炉，低温电炉，1 mL 量筒，10 mL 塑料量筒。

（2）准备试剂

基准氯化钾，基准氯化钠，2 mol/L 盐酸（46 mL 浓 HCl 稀释成 1 000 mL），硝酸，氢氟酸。

（3）调节仪器

1）调节压缩空气。先将 1.5 MPa 气压表下面的螺钉旋紧，将侧面的细螺钉旋开，通入压缩空气到压缩空气气压表上读出气压 0.3～0.4，再用细螺钉调节恰好 0.3 或 0.4。

2）调节可燃气体。试验前先测定工作曲线，找出可燃气体（煤气）压力以及光栏大小的最适合条件，以后的试验均按此条件进行。一般调节煤气压力至 30～40 mmH_2O，光栏盘读数为 30，点燃喷灯。

3）调节火焰。火焰应有 2～3 mm 蓝绿色尖端，并保持最大的稳定性。

4）接通检流计电源。将电流计开关旋向 220 V，指示灯亮，将量程标尺调节到适当的挡位，即可测量。

（4）制备标准溶液并绘制标准工作曲线

1）在分析天平上精确称取 0.791 5 g 基准氯化钾及 0.942 9 g 基准氯化钠，置于同一个烧杯中，用蒸馏水溶解后，转入 500 mL 容量瓶中，用蒸馏水稀释到刻度。此溶液每毫升含氧化钾、氧化钠各 1 mg。

2）分别吸取上述溶液 2 mL、4 mL、6 mL、8 mL、10 mL、12 mL、14 mL、16 mL、18 mL、20 mL，置于一组 500 mL 容量瓶中。

3）分别加入 20 mL 2 mol/L 盐酸，用蒸馏水稀释到刻度。上述各 500 mL 溶

液分别含 2 mg、4 mg、6 mg、8 mg、10 mg、12 mg、14 mg、16 mg、18 mg、20 mg氧化钾和氧化钠。

4）将配置好的标准溶液分别进行喷雾激发，读取一系列光强度数据，做出浓度—光强度值曲线。

2. 操作步骤

（1）处理试样

1）准确称取 0.1 g 已经在玛瑙研钵中研细，并经过 105℃烘干的玻璃或玻璃原料试样，置于铂皿中。

2）加入 1 mL 硝酸、10 mL 氢氟酸后，置于砂浴上蒸干。

3）冷却后，加 20 mL 2 mol/L 盐酸，在低温电炉上加热至样品全部溶解，如有不溶物需过滤。

4）将溶液转移到 500 mL 容量瓶中定容，摇匀后待测定。

（2）测定

1）将火焰光度计按仪器使用规程调整到工作状态，分别使用钾滤光片（波长 767 nm）测定氧化钾，使用钠滤光片（波长 589 nm）测定氧化钠。

2）喷雾试样溶液，粗略读取检流计读数。

3）从氧化钾、氧化钠混合标准系列中通过喷雾选出比试样溶液浓度略小和略大的两个标准溶液。

4）正式先用比试样溶液略小的标准溶液喷雾，读取检流计读数（B_1），接着用试样溶液喷雾，读取检流计读数（B），再用比试样溶液略大的标准溶液喷雾，读取检流计读数（B_2）。

（3）计算氧化钾、氧化钠的含量

1）用精密内插法计算：

$$氧化钠\%（或氧化钾\%）=\frac{[C_1+(C_2-C_1)\times\frac{B-B_1}{B_2-B_1}]\times 500\times 10^{-6}}{G}\times 100\%$$

式中 C_1——比试样溶液略小的标准溶液浓度，μg/mL；

C_2——比试样溶液略大的标准溶液浓度，μg/mL；

G——试样质量，g。

2）用标准曲线法计算。根据对试样的测定值，在标准曲线中查出相应的浓度值进行计算：

$$氧化钠\%（或氧化钾\%）=\frac{C\times V}{G\times 1\,000}\times 100\%$$

式中　C——从标准工作曲线查得被测溶液中氧化钠或氧化钾的含量，mg/mL；

V——被测溶液稀释的体积，mL；

G——试样的质量，g。

3. 注意事项

(1) 可燃气压力对测定影响很大，测定标准溶液的压力与测定待测试样时的压力应一致。

(2) 样品可分段测定，为了得到检流计最稳定的读数，可由低到高再由高到低反复测定，直到反复测试后数据一致，才能作为实验数据采集。

(3) 检流计读数，以最后稳定不变为准，每次读数间隔 30 s～1 min，一般第一次读数不取，后几次读数一般已经稳定，故可取第 2、3、4 次读数的平均数。

(4) 试样溶液和标准溶液的组成尽可能一致，否则，由于组成的差异会引起被测元素的特征辐射强度增强或减弱，使测定结果产生误差。

(5) 如果试样中氧化钠含量高时（超过 10 mg/250 mL），应适当控制称样量或逐级稀释，使测量点落在标准曲线最灵敏的部位，否则浓度太大，曲线发生弯曲，测定结果误差大。

(6) 标准溶液和待测溶液测定完毕后，要用去离子水喷雾清洗，有时也可以喷射稀盐酸溶液，确保下次测试顺利进行。

(7) 喷雾器应保持清洁，应经常冲洗喷灯口，喷灯嘴可以从喷灯管上方便地取下，必要时用一个硬毛刷清理。应经常除去管道中的积液。

(8) 火焰光度计的工作环境温度应在 10～35℃，相对湿度不大于 85%。仪器应水平放置，避免阳光直接照射，周围无强烈电磁场干扰，无影响使用的振动。

本章思考题

1. 比色法测定 SiO_2 和 TiO_2 含量的方法原理是什么？

2. 两种比色法测定 TiO_2 含量时应注意的问题是什么？

3. 简述火焰分光光度法的原理。

4. 什么是标准（工作）曲线法？

5. 什么是精密内插法？

6. 火焰分光光度法测定氧化钠、氧化钾的注意事项有哪些？

第4章 玻璃物理性能的检测

第1节 膨胀仪法测定玻璃热膨胀系数

学习目标

- 了解玻璃热膨胀仪的结构和测试原理
- 能准备和维护玻璃热膨胀仪
- 能用膨胀仪测定玻璃的热膨胀系数

一、测定玻璃热膨胀系数的意义

影响玻璃热膨胀系数的主要因素是玻璃的化学组成。例如，在玻璃中增加碱金属氧化物（如 Na_2O、K_2O 等）的含量，能使玻璃的热膨胀系数增大；相反，在玻璃中增加二氧化硅、氧化硼等，能降低玻璃的热胀系数。在生产过程中，玻璃热膨胀系数的变化意味着玻璃成分的变化，如果玻璃在一定温度区域内，其膨胀系数突然波动较大，即可以从玻璃成分上查找原因。

玻璃的热膨胀系数是玻璃的重要性质之一，不仅可以用于监控生产，而且与玻璃的其他性质有密切的关系，如热稳定性、机械强度、密度、软化点温度等。因此，测定玻璃的热膨胀系数在实际应用中有着重要意义。例如，玻璃与金属的封接、玻璃与玻璃的封接、玻璃与陶瓷的封接、对其热膨胀系数都有一定的规定，要求两者的热膨胀系数相互匹配。如果两者的热膨胀系数不相匹配，则在封接或熔封时将会发生脱落、炸裂等现象。另外，对玻璃的成形、退火和钢化等工艺制度也有指导性作用。所以，测定玻璃的热膨胀系数，对玻璃的生产、加工和研究都有重大意义。

由于测试设备和方法原理的不同，目前，有多种方法测定玻璃的热膨胀系数，如石英膨胀（示差）法、干涉膨胀法、容量计法和简易的双线法。目前应用较多的方法为石英膨胀法和双线法。石英膨胀法分为静态法和动态法。石英膨胀法目前已能利用计算机控制升温速率和绘制热膨胀曲线，并能进行结果的计算。静态测定法，是将玻璃试样从零度或室温开始升温，加热到 300℃，保温 20 min，然后读取伸长数据后再进行计算。动态测定法按一定升温速度进行，一般是 3～5℃/min，但此法误差略高，约为±2%。

二、石英膨胀仪（玻璃热膨胀仪）

1. 静态法石英膨胀仪

静态法石英膨胀仪主要由热膨胀计、测量温度装置、立式管状炉、冰浴瓶和千分表等几部分组成。把被测试样安装固定于石英玻璃夹具上，放入 0℃的冰浴瓶中，然后移入 300℃管式电炉内，用千分表测量，由于温度变化所引起的试样相对伸长值，然后通过计算求出玻璃的平均线膨胀系数。

（1）膨胀计

膨胀计由石英玻璃夹具和千分表组成，如图 4—1 所示。石英玻璃夹具由两根直径为10 mm 的高纯度石英玻璃棒制成。其中膨胀传递棒长度为 400 mm，固定棒长为 500 mm。千分表分度值为 0.001 mm，测量范围为 0～0.1 mm。为了便于平行测定，通常在测试装置上并排设置两套膨胀计。

（2）测温装置

由校准的铂铑－铂热电偶（GB 1578）和标准电位差计组成。热电偶冷端保持在 0℃，热端放置在靠近试样中部。将测量的毫伏值按

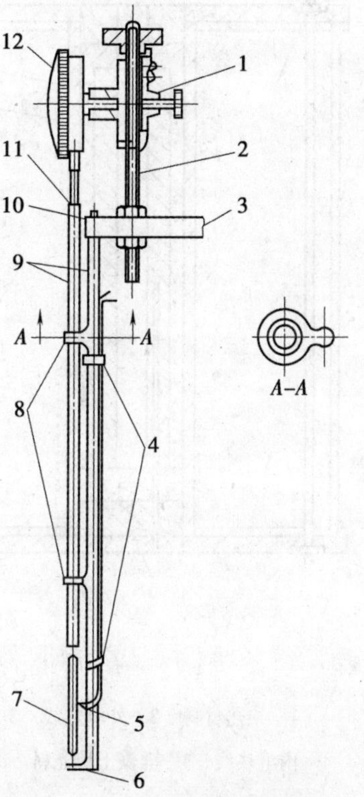

图 4—1　膨胀计

1—千分表夹具　2—千分表升降杆　3—固定板　4—固定热电偶细金属丝　5—热电偶接点　6—石英玻璃夹具　7—试样　8—石英玻璃环　9—试样玻璃棒　10—黏接剂　11—千分表测头　12—千分表刻度盘

GB 1578 附表换算成温度值（℃）。

（3）立式管状炉

立式管状炉如图 4—2 所示。炉外径 45 mm，高 380 mm，由自动控制装置调节炉温。测试时能够将炉温控制在设定温度±1℃，在炉内中心区域 100 mm 的长度上最大温差不超过 1℃。

（4）冰浴瓶

冰浴瓶外径 215 mm，高 300 mm，附有两个多孔套筒，内筒直径 55 mm，高 280 mm，外筒直径 130 mm，高 150 mm，如图 4—3 所示。在两套筒之间放入冰和水。

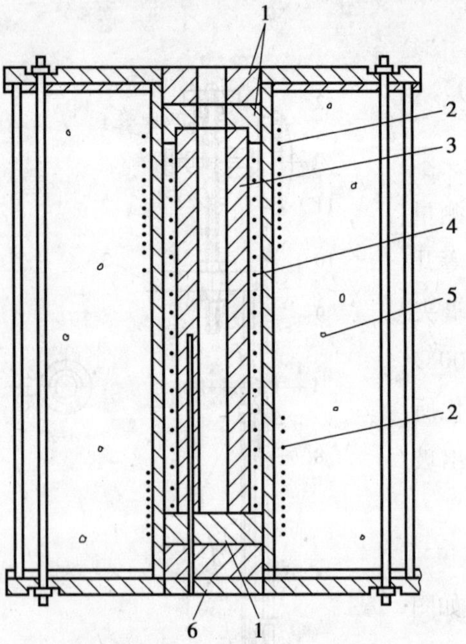

图 4—2　立式管状电炉

1—绝热材料　2—外电热线　3—铜炉芯
4—内电热线　5—硅藻土填充料　6—热电偶孔

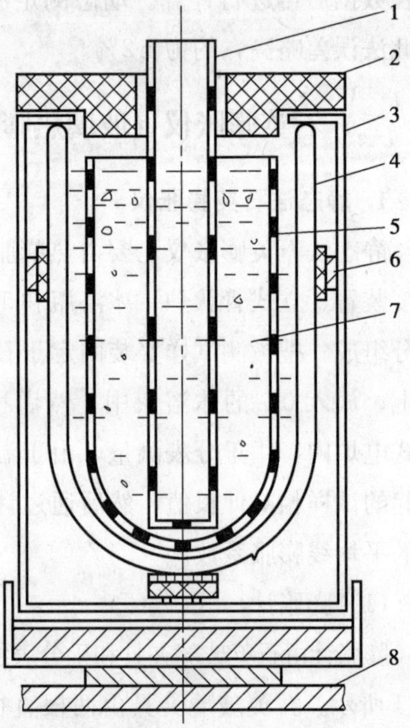

图 4—3　冰浴瓶

1—多孔内筒　2—瓶盖　3—外壳
4—瓶胆　5—多孔外筒　6—橡皮垫
7—冰和水　8—固定板

（5）千分尺

千分尺分度值 0.01 mm，测量范围 100～125 mm。

2. 动态法石英膨胀仪

动态法石英膨胀仪主要由石英膨胀计、加热电炉、机械升降装置、温度控制和测量装置、千分表等几部分组成。QFB－Ⅱ型热膨胀仪的结构如图 4—4 所示（新型号仪器设备可参见有关资料)。

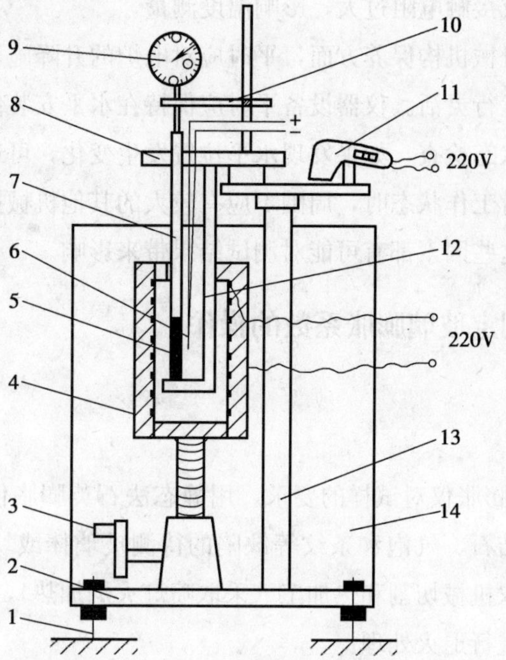

图 4—4　QFB—Ⅱ型热膨胀仪的结构

1—水平调节器　2—底座　3—电炉升降调节手轮　4—加热电炉　5—试样　6—测温热电偶　7—石英玻璃夹具活动杆　8—千分表水平支架　9—千分表　10—千分表固定支架　11—电磁微振器　12—石英玻璃夹具固定杆　13—支撑柱　14—仪器外壳

把被测试样安装固定于石英玻璃夹具上，移动电炉使石英玻璃夹具进入电炉内。对电炉升温。当试样受热后，其膨胀伸长量推动石英玻璃夹具玻璃棒向上移动，从而推动千分表指针顺时针走动，根据千分表读数可得到被测试样的热膨胀伸长量，然后通过计算求出玻璃的平均线膨胀系数。

3. 石英膨胀仪的保养和维护

(1) 石英膨胀仪是一种精密仪器设备，应注意保养和维护。千分表系统和石英玻璃支架（夹具）系统，是热膨胀伸长量的测量和热膨胀传递的关键部位，对测定结果的准确性影响较大，因此平时应该注意防尘保护，定期清扫灰尘，保持干净。千分表应定期进行校检，校检工作应由专职计量部门进行。

(2) 仪器的温度控制和温度测量系统，主要由测温元件（热电偶或热电阻）和温度仪表（或记录仪）组成，对于这部分的保养工作，也应该定期由专职计量部门进行校检。测温元件的正负极接线应与温度仪表的正极、负极接线对应，并要求接线牢靠，否则会造成接触电阻过大，影响温度测量。

（3）在仪器的机械机构保养方面，平时应对电炉的升降施加润滑油，以防止生锈，保持电炉升降运行灵活。仪器设备平时应保持在水平安装位置，应不定期用水平尺进行水平位置状态检查，如果发现水平位置发生变化，可通过调节水平螺钉实现。热膨胀仪在平时工作状态时，周围不应有较大的其他机械振动，并尽可能避免直接的对流通风，这些因素都有可能对测试结果带来影响。

三、膨胀仪测定玻璃膨胀系数的操作

1. 操作准备

（1）制备试样

1）静态法石英膨胀仪对试样的要求。用静态法石英膨胀仪测定玻璃热膨胀系数时，应选取没有结石、气泡和条纹等缺陷的待测玻璃棒或块状玻璃作为试样玻璃，然后对试样采取机械切割和热加工（采取喷灯火焰加热），制成如图 4—5 所示的形状和尺寸，并进行退火处理。

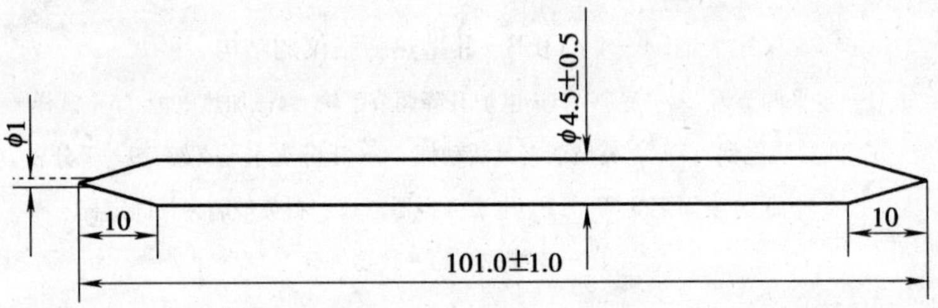

图 4—5　试样形状和尺寸

2）动态法石英膨胀仪对试样的要求。用动态法石英膨胀仪测定玻璃热膨胀系数时，应选取没有结石、气泡和条纹等缺陷的待测玻璃棒或块状玻璃作为试样玻璃，要求棒状玻璃直径为 5～10 mm，长度为（100±0.1）mm；块状玻璃端面尺寸为（5～10）mm×（5～10）mm，长度为（100±0.1）mm。从待测玻璃试样上截取一定长度，把两端面在研磨机上用金刚砂磨成平面，要求两端面磨平后能够站立在平整的玻璃板面上。测试前用游标卡尺测量其精确长度并记录。

（2）调节仪器

1）膨胀仪使用前应检查仪器状态，主要检查仪器接电和测温元件及温度仪表是否处在正常运转状态，否则应予以校正，然后才能开始工作。

2）选择静态法膨胀仪时，在测试前应事先给冰浴瓶内装入冰和水的混合物，使冰浴瓶内温度保持在 0℃。

3）接通仪器电源，给管状炉升温，当温度升到 300℃时开始计时，保温 60 min。

2. 操作步骤

（1）静态法石英膨胀仪测试操作步骤

1）接通电源，使管状炉升温，到 300℃后保温 60 min。

2）使用千分尺测量试样在室温（20℃）时的长度。

3）将试样放置在膨胀仪的石英夹具上，千分表的测量头放置在膨胀传递棒上端中心并固定，调节千分表，使指针略带旋转，表明测量头、石英玻璃夹具和试样接触良好。此后在测试过程中不要触及膨胀仪及试样，避免引起误差。

4）固定膨胀仪，使冰浴瓶缓慢上升，至试样进入冰浴瓶内套的中心。

5）千分表指针和电位差计读数无变化时（通常需 20 min），使用电动蜂鸣器，轻巧振动膨胀仪，指针稳定后，分别记录千分表和电位差计读数。

6）移开冰浴瓶，10 min 后使管状炉缓慢上升，至试样进入管状炉的中心区域。

7）千分表指针和电位差计读数无变化时（通常需 25 min），使用电动蜂鸣器轻巧振动膨胀仪，指针稳定后，分别记录千分表和电位差计读数。5）条和 7）条两次读数差即分别为试样伸长和测试的温度差（根据热电动势表进行换算）。

8）移开管状炉，松开千分表，取下试样，测试结束。

（2）动态法石英膨胀仪测试操作步骤

1）转动电炉升降调节手轮 3，把电炉降至最低位置，使石英玻璃夹具固定杆 12 处在电炉外，用手把石英玻璃夹具活动杆 7 向上推动，将被测试样 5 装在石英玻璃夹具中。

2）调节千分表固定支架，使千分表与石英玻璃夹具活动杆具有一定的接触力（即千分表指针逆时针转过两格）。

3）转动电炉升降调节手轮 3，使被测试样入炉，并位于电炉中部。

4）打开温度控制开关，此时暂不开启加热电源开关。

5）15 min 后开动电磁微振器开关，并借助振幅调整微振器，以获得适当的振幅（即千分表指针稳定后不随微振器的振动而改变格值）。

6）当温度控制器所显示的温度稳定后，记下此时的温度 T_0（室温）和千分表指针读数值 L_0，然后关闭电磁微振器开关。

7）设定温度控制器温度，一般设定最高温度为 300℃左右，当温度设定后，恢复温度控制器处于测温状态。

8）开启控制加热电炉开关，调节电流，使电炉升温速率为3～5℃/min，此时电流为1.6 A。

9）当炉内温度接近300℃时，调节电流，使炉内升温速率为1℃/min。

10）当炉内温度显示为299℃时，打开电磁微振器开关让其振动。

11）待炉内温度刚好为300℃时，记录千分表相应数值（读取表值）。为了保证测试的准确性，可降低炉温，然后再升温，反复几次准确测得300℃炉温时的千分表格值数。

12）关闭电磁微振器，将控制加热电流调至零位，关闭温度控制器电流，使仪器处于测试前状态。此时调节千分表固定支架，把千分表抬起，使千分表处在不受力状态下。

13）按表4—1格式记录测试数据。

表4—1　　测试数据记录

试样名称：	试样尺寸/mm		测试时室温/℃	
炉温/℃	加热电流/A	时间/min	千分表格值/$\times10^{-3}$mm	备注
50				
100				
150				
200				
250				
300				

（3）计算玻璃热膨胀系数

1）计算热膨胀系数。根据用石英膨胀仪测得的数据（包括动态法和静态法），按下式计算玻璃的线膨胀系数：

$$\alpha=\frac{\Delta L}{L_0\Delta T}+\alpha_1$$

式中　α——测试温度范围内试样的平均线膨胀系数，℃$^{-1}$；

ΔL——测试温度范围内试样的伸长，mm；

L_0——室温时试样的原始长度，mm；

ΔT——测试的实际温差，℃；

α_1——测试温度范围内石英玻璃的平均线膨胀系数，根据仪器不同，该数值有差异，为（5.5～6.5）$\times10^{-7}$℃$^{-1}$。

2）绘制玻璃的热膨胀曲线

①按下式计算单位伸长率（μm/cm）：

$$伸长率=\frac{\Delta L\times 10^4}{L}+\frac{0.65\Delta T}{10^2}$$

②绘制热膨胀曲线。根据一系列伸长率和温度的对应值，以伸长率为纵坐标，以温度为横坐标，即可绘制出热膨胀曲线［参见《玻璃分析检验员（中级）》第 5 章第 2 节］。

3. 注意事项

（1）在测试过程中应特别注意保护石英玻璃支架（夹具），尤其是在安装试样和试样移入加热电炉过程中，不能用力过大，以防不正确的操作打坏石英玻璃支架装置。

（2）对于玻璃材料热膨胀系数的测试，加热最高温度为玻璃的膨胀软化点温度，一般情况下应低于该温度，通常加热温度为 300℃。如果测试加热温度过高，玻璃试样有可能发生软化后与石英玻璃支架黏结，造成支架损坏。

（3）加热温度的升温速率要按照测试方法要求进行，升温速率不能过大或过小，试样原始长度尺寸要测量准确，否则将影响测试结果的准确性。

（4）测试结束后，要避免千分表长时间处在受力状态下而导致损坏。

（5）本方法允许测定误差为$\pm 0.2\times 10^{-7}$℃$^{-1}$。同一批试样两次平行测定数据之差在此范围内时取平均值作为测试结果。为了保证测试结果的准确度，应定期使用标准样品校正测试装置，计算出修正值，并对试样的测试结果进行修正。选用的标准样品平均线膨胀系数应和测试样品的平均线膨胀系数接近。

第 2 节　悬浮法测定玻璃密度

学习目标

- 掌握悬浮法测定玻璃密度的原理
- 能组装悬浮法玻璃密度测定装置
- 能用悬浮法测定玻璃参照标样和玻璃试样的密度

一、测定玻璃密度的意义

玻璃密度与玻璃的化学组成关系最密切，此外，温度、压力等生产工艺的变化也会对玻璃密度有一定影响。

1. 玻璃密度和玻璃化学组成的关系

玻璃密度与玻璃化学组成的关系十分密切，在各种实用玻璃中，密度差别很大，例如，石英玻璃的密度最小，为 2.2 g/cm^3，而含大量氧化铅的重火石英玻璃密度可达 6.5 g/cm^3。

在硅酸盐、硼酸盐、磷酸盐玻璃中引入 R_2O 和 RO 氧化物时，随着它们离子半径的增大，玻璃的密度增加。半径小的阳离子（如 Li^+、Mg^{2+} 等）可以填充网络间空隙，因此，虽然使硅氧四面体的连接断裂，但并不引起网络结构的扩大。阳离子（如 K^+、La^{3+} 等）的半径比网络空隙大，因此使结构网络扩张。玻璃中加入前者使结构紧密度增加，加入后者使结构紧密度降低。

对于同一种氧化物，当在玻璃中的配位状态改变时，也会对玻璃密度产生明显的影响。如 B_2O_3 从硼氧三角体转变到硼氧四面体，或者中间体氧化物（如 Al_2O_3 等），从网络内四面体转变到网络外八面体，这些因素均使玻璃密度上升。因此，当连续改变这类氧化物的含量至产生配位数变化时，在玻璃成分—性质变化曲线上就会出现极值或转折点。这就是所谓的“硼反常”和“铝反常”现象。在实际生产中，玻璃中的 B_2O_3 和 Al_2O_3 对玻璃密度的影响极为复杂。一般应根据玻璃的化学组成来分析和调整 B_2O_3 和 Al_2O_3 的用量。

2. 玻璃密度与温度的关系

随着温度的升高，玻璃的密度下降，而比容就会相应增高。对于一般的工业玻璃，当温度从室温升高至 1 300℃时，密度下降约 6%～12%。在弹性变形范围内，密度的下降与玻璃的热膨胀系数有关。

玻璃密度还与热处理条件有关。一般情况下，淬冷玻璃比退火玻璃的密度低。因此，测定玻璃的密度时，必须先对玻璃试样进行精密退火后测定。

3. 玻璃密度与压力的关系

玻璃承受高压甚至超高压后，性质和结构都有变化，这是由于加高压后玻璃网络结构的容积减少，必然使玻璃密度增大。密度变化的幅度与加压的方法、玻璃的组成、压力的大小和加压时间有关。

4. 玻璃密度与热历史的关系

在退火温度范围内，玻璃的密度与退火温度、保温时间、降温速度呈现比较复杂的关系。

由以上几点可以看出，玻璃密度是比较敏感的，只要成分上或生产工艺上发生微小的变化，密度就会立即反映出来。可以利用密度变化监控生产工艺。例如，砂子的含水量容易变化，如在 3%～10%内波动，可导致玻璃密度产生 100×10^{-4} g/cm^3 的变化。配料称量不准，计算错误，原料成分改变或粒度不好，错用他种原料，料仓存在漏洞，配合料在运输过程中分层及其他意外因素等，都可以引起玻璃密度变化。

目前，国内外许多玻璃工厂都采用每天测定玻璃密度的办法来控制玻璃组成、监督玻璃生产。其方法是每天定时间、定地点从生产线上取样，然后测定玻璃的密度值，以天为横坐标，以每天所测得的玻璃密度值为纵坐标，并根据生产条件及玻璃质量要求，确定玻璃密度的波动范围，画出玻璃密度控制图，如图 4—6 所示。

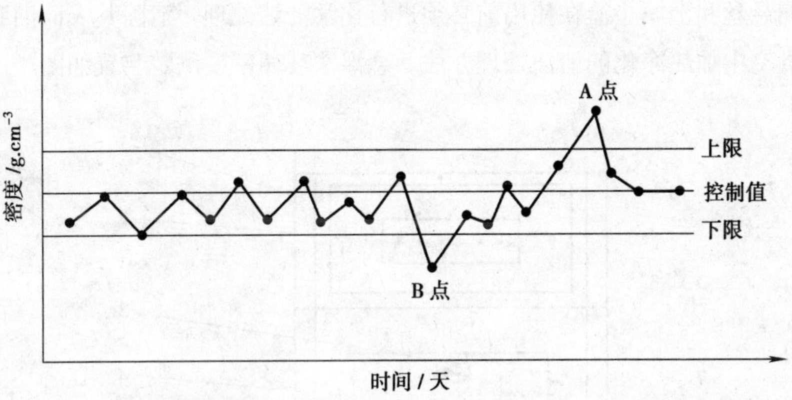

图 4—6　玻璃密度控制图

质量控制图是现代生产管理中一种广泛采用的手段，通过玻璃日密度变化控制图，能够及时把生产的动态过程反映出来，对玻璃组成进行调整或为生产工艺过程检查提供科学依据。例如，图 4—6 中 A 点和 B 点的密度超出了玻璃的密度控制值，就应及时分析当天生产工艺的变化或原料和配料情况，以便及时采取措施，进行调整，保证生产正常进行。

二、悬浮法测定玻璃密度的原理和装置

1. 悬浮法测定玻璃密度的原理

玻璃密度的测定方法有悬浮法（也称阿基米得法、浮力法）、比重瓶法、沉浮法等。悬浮法测定玻璃密度是一种常用的方法，它不需要特殊的测试装置，只要有

一台 1/1 000 的分析天平就可完成测试工作，其优点是操作方便，测试迅速准确，因此被广泛采用。本方法允许测定误差为±0.0005 g/cm^3，同一批试样两次平行测定数据之间相差在此范围以内时，取平均值作为测试结果。

悬浮法测定玻璃密度的原理是：将已知质量（在空气中称量）的玻璃试样浸入已知密度的水中再次称量，由于浮力作用，试样质量将减小，所减小的质量为该试样在水中所排开同体积水的质量。利用水的密度计算出试样的体积，进而计算出试样的密度。

2. 悬浮法测定玻璃密度的装置

悬浮法玻璃密度测定装置主要由感量为 0.002 g 的分析天平、烧杯支架（可自制）、200 mL 玻璃烧杯，测温范围为 0～50℃、精度为 0.1℃的水银温度计，直径小于 0.2 mm 的镍—铬—铁或铂合金金属悬丝，以及气压表等组成。金属悬丝主要用来悬吊试样。为了测试方便可用同种金属丝再编制一个小篮，主要用于盛放试样。金属悬丝和金属小篮在使用前必须进行化学清洁处理，清除其表面油脂，也可采取在真空中加热净化的清洁处理办法。悬浮法玻璃密度测定装置如图 4—7 所示。

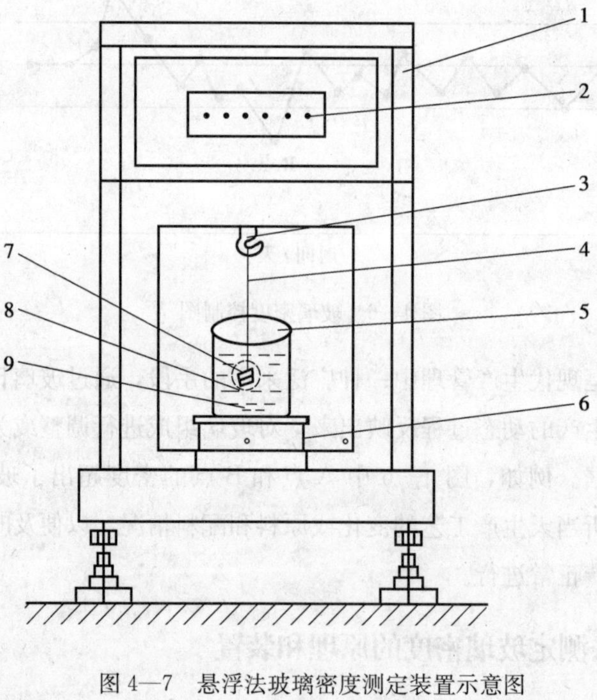

图 4—7 悬浮法玻璃密度测定装置示意图

1—分析天平或电子天平 2—天平读数窗口 3—天平吊钩 4—金属丝
5—玻璃烧杯 6—烧杯支架 7—被测试样 8—金属小篮 9—蒸馏水

三、悬浮法测定玻璃密度的操作

1. 操作准备

（1）准备蒸馏水

取新制的蒸馏水，充分煮沸以后保存于加盖容器内，在 24 h 内使用。为了使蒸馏水的温度和室温保持平衡，在使用前应在天平旁边放置 2 h。

（2）制备玻璃试样

从无结石、气泡和条纹等缺陷的待测玻璃上割下约 20 g 重的块状，作为试样，试样形状最好是圆柱体或矩形条，试样表面应光滑，不应有裂纹和毛刺，进行必要的退火及清洁处理。

（3）调试分析天平

在测试前，应首先按照分析天平的使用要求，把分析天平调整到使用状态，并记录测试时的环境温度和大气压力。

2. 操作步骤

（1）在分析天平上称量试样在空气中的质量 m_1。

（2）将烧杯支架横跨于天平盘上，盛有蒸馏水的烧杯放置于支架上，不要使烧杯及烧杯支架和天平的任何部位接触。

（3）用金属丝将试样悬挂于天平臂的吊钩上，对于不易悬挂的细小试样，则应将试样放置于由细金属丝制成的吊篮上。将试样全部浸入蒸馏水中称量，得到试样和金属丝在蒸馏水中的质量 m_2。

（4）从金属丝上取下试样，仍将金属丝浸入蒸馏水中，其深度应和试样的浸入深度一致，然后再称量，得到金属丝在蒸馏水中的质量 m_3。

（5）记录天平室温温度、大气压和蒸馏水的温度。

（6）按如下公式计算在室温 t 时的密度 ρ：

$$\rho_t = \frac{m_1}{m_1 - (m_2 - m_3)} \times (\rho_2 - \rho_1) + \rho_1$$

式中　ρ_t——室温时试样的密度，g/cm³；

m_1——试样在空气中的质量，g；

m_2——试样和金属丝在蒸馏水中的质量，g；

m_3——金属丝在蒸馏水中的质量，g；

ρ_1——空气密度，g/cm³；

ρ_2——蒸馏水密度，g/cm³。

（7）按如下公式将室温时试样密度换算成标准温度（20℃）时的密度：

$$\rho_{20}=\frac{\rho_t}{1+3\alpha(20-t)}$$

式中　α——玻璃的线膨胀系数，$℃^{-1}$；

t——室温，℃。

计算公式中，不同温度和不同大气压下干燥空气的密度，不同温度下纯蒸馏水的密度可分别通过表 4—2 和表 4—3 查出。

表 4—2　　不同温度和大气压下干燥空气的密度　　g/cm³

温度/℃	$p\times10^{-4}$/Pa					
	9.60	9.73	9.87	10.00	10.13	10.27
20	0.001141	0.001157	0.001173	0.001189	0.001205	0.001221
21	0.001137	0.001153	0.001169	0.001185	0.001201	0.001216
22	0.001134	0.001149	0.001165	0.001181	0.001197	0.001212
23	0.001130	0.001145	0.001161	0.001177	0.001193	0.001208
24	0.001126	0.001142	0.001157	0.001173	0.001189	0.001204
25	0.001122	0.001138	0.001153	0.001169	0.001185	0.001200
26	0.001118	0.001134	0.001149	0.001165	0.001181	0.001196
27	0.001115	0.001130	0.001146	0.001161	0.001177	0.001192
28	0.001111	0.001126	0.001142	0.001157	0.001173	0.001188
29	0.001107	0.001123	0.001138	0.001153	0.001169	0.001184
30	0.001104	0.001119	0.001134	0.001150	0.001165	0.001180

表 4—3　　不同温度下蒸馏水的密度　　g/cm³

温度/℃	0	0.1	0.2	0.3	0.4	0.5	0.6	0.7	0.8	0.9
20	0.99820	0.99818	0.99816	0.99814	0.99812	0.99810	0.99808	0.99806	0.99804	0.99801
21	0.99799	0.99797	0.99795	0.99793	0.99791	0.99788	0.99786	0.99784	0.99782	0.99779
22	0.99777	0.99775	0.99773	0.99770	0.99763	0.99766	0.99763	0.99761	0.99759	0.99756
23	0.99754	0.99752	0.99749	0.99747	0.99744	0.99742	0.99740	0.99737	0.99735	0.99732
24	0.99730	0.99727	0.99725	0.99722	0.99720	0.99717	0.99715	0.99712	0.99710	0.99707
25	0.99705	0.99702	0.99700	0.99697	0.99694	0.99692	0.99689	0.99687	0.99684	0.99681
26	0.99679	0.99676	0.99673	0.99671	0.99668	0.99665	0.99662	0.99660	0.99657	0.99654
27	0.99652	0.99649	0.99646	0.99643	0.99640	0.99638	0.99635	0.99632	0.99629	0.99626
28	0.99624	0.99621	0.99618	0.99615	0.99611	0.99609	0.99606	0.99603	0.99600	0.99598
29	0.99595	0.99592	0.99589	0.99586	0.99583	0.99580	0.99577	0.99574	0.99571	0.99568
30	0.99565	0.99562	0.99559	0.99556	0.99553	0.99550	0.99547	0.99543	0.99540	0.99537

3. 注意事项

（1）称量过程中，试样在蒸馏水中的位置不能过深或过浅，一般应处在蒸馏水的中部，并且不能让试样与烧杯接触，烧杯支架也不能与天平的称量盘接触。

（2）清洗后的玻璃试样、金属悬丝和吊篮在浸入蒸馏水后，保证没有气泡黏附在表面，否则应重新进行清洗处理。

（3）试样最好先在热硝酸、硫酸铬或有机脱脂溶剂的超声波洗涤槽中浸洗，然后再在酒精和蒸馏水中漂洗和冲洗，其后的整个过程须用不锈钢镊子钳着操作。

（4）采用该方法进行玻璃密度的测定，试样在空气中和在蒸馏水中称量的准确性直接影响测定结果，因此，应掌握正确分析天平操作的技能。

第 3 节　玻棒法测定玻璃的热稳定性

学习目标

- 掌握玻棒法测定玻璃热稳定性的原理
- 能组装玻棒法测定玻璃热稳定性的装置
- 能用玻棒法测定玻璃的热稳定性

一、玻棒法测定玻璃热稳定性的原理和装置

1. 测定原理

测定玻璃热稳定性能的基本方法是急冷法，其可分为玻棒法和成品法。玻棒法是取一定数量的棒状试样，经在特制的电炉中加热，然后使之急速冷却，观察是否炸裂。这种测定方法规范，测试结果可以相互比较，对科学研究、新产品开发具有不少优点。

2. 测定装置

玻棒法玻璃热稳定性测定的装置主要由立式管状电炉和辅助仪器组成。

（1）立式管状电炉

立式管状电炉高度 300 mm，外径 200 mm，内径 60 mm，均温区域长 60 mm，由自动控制装置调节炉温，如图 4—8 所示。

试样室由耐热不锈钢制成，直径 56 mm，高 50 mm，在直径为 44 mm 的圆周

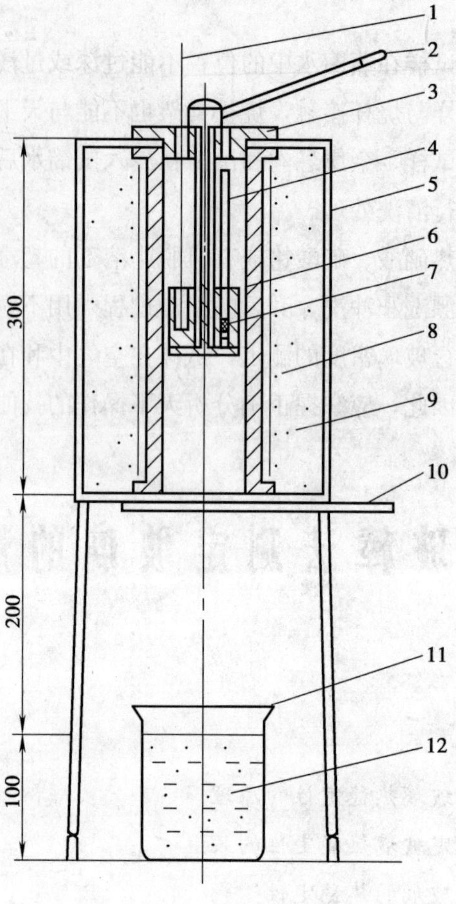

图 4—8　玻棒法测试装置示意图

1—温度计　2—旋转手柄　3—炉盖板　4—试样导管　5—立式管状电炉

6—试样室　7—试样　8—电热线　9—硅藻土填充料

10—炉底板　11—盛水容器　12—冷水

上沿轴向方向设置 10 个通孔，孔径为 6 mm，用于放置试样。另外再设置 2 个盲孔，孔径为 8 mm，深度为 40 mm，用于放置温度计及控温元件，12 个孔均匀分布，如图 4—9 所示。

试样室底盘厚度 8 mm，直径 56 mm，在上面也设置 12 个孔，孔的直径及分布应与试样室通孔相同。

（2）辅助仪器

1）水银温度计。0～50℃和 0～500℃各一支，或用铂电阻测温元件代替高温温度计。

2）2 000 mL 盛水容器。

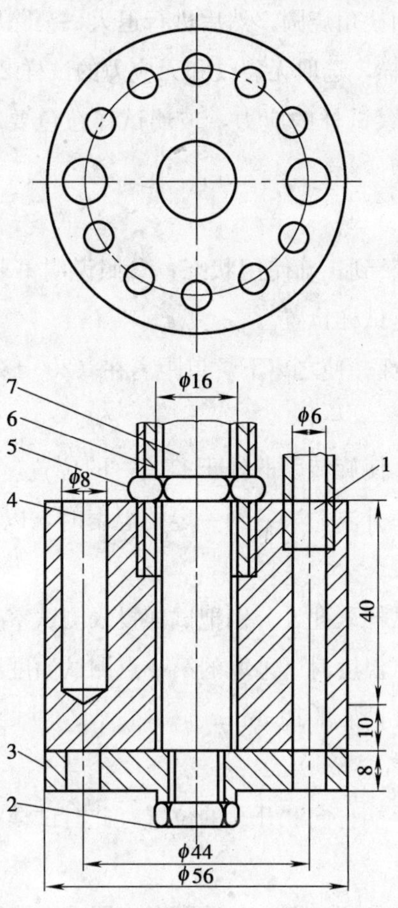

图 4—9　试样室示意图

1—通孔　2、5、6—螺母　3—试样室底盘　4—盲孔　7—套管

3）10 倍数放大镜。

4）游标卡尺。

5）酒精灯或煤气灯。

6）扁锉或三角锉。

二、玻棒法测定玻璃热稳定性的操作

1. 操作准备

（1）制备试样

1）选取无气泡、结石和条纹等缺陷的玻璃棒，直径（4.0±0.01）mm。

2）用扁锉或三角锉截取试样，每根长度为（30±0.5）mm，并在酒精灯（或煤气灯）上将玻棒两端面棱角烧圆，然后进行退火，消除应力。

3）用放大镜观察试样，选取无裂纹和无应力的试样 20 根，分两组测试。

4）用玻璃应力仪观察试样的应力，玻璃试样粒色要与应力仪视觉颜色一致，否则需重新进行退火处理。

（2）调整仪器装置

1）测试前仪器应调整到正确使用状态，参照说明书要求，接好仪器线路，并调整测温元件，使之接近试样位置。

2）调节盛水容器水面，使之离下炉口距离在（200±20）mm。

2. 操作步骤

（1）检查仪器装置，使旋转手柄处于“关”的位置，确认无误后，接通电源。起初让电炉以较大的速率升温，当达到一定的温度时，以 3～5℃/min 的速率使电炉升温到预定温度。

（2）由电炉顶部的试样入孔处分别把试样投入测试室通孔内。

（3）当温度达到测试温度时（采取的第 1 点测试温度要低于玻璃热稳定性温度约 30～40℃），在该温度下保温 10 min。

（4）测量冷水温度。

（5）立即把旋转式手柄打向“开”的位置，此时试样室通孔与底盘孔同心，试样迅速坠入冷水中。

（6）让试样在冷水中停留 0.5 min 后取出，用毛巾擦干净，用放大镜观察每根试样。选出破裂试样，并记录破裂试样的数目和坠落时的炉温。

（7）将未破裂试样重新装入，如前述步骤继续测试，只是第 2 点的温度要在第 1 点温度的基础上增加 10℃。如此进行，直至 10 根试样全部破裂为止。

（8）切断电源，让电炉温度自然下降。

（9）当温度降低到第 1 点的测试温度时，再按上述步骤进行第二组试样的测定。

（10）测试时按表 4—4 的格式进行记录。

表 4—4　　测试数据记录

测试日期：　　试样名称：　　试样尺寸/mm

试验次数	加热温度/℃	冷水温度/℃	实际温差/℃	破裂数量/个	计算结果/℃

(11) 按如下公式计算热稳定性 ΔT：

$$\Delta T=\frac{\Delta T_1\cdot n_1+\Delta T_2\cdot n_2+\Delta T_3\cdot n_3+\Delta T_4\cdot n_4+\cdots+\Delta T_i\cdot n_i}{n_1+n_2+n_3+\cdots+n_i}$$

式中　ΔT_1、ΔT_2、ΔT_3、ΔT_4、…、ΔT_i——每次测量的炉温与水温之差值,℃；

n_1、n_2、n_3、n_4、…、n_i——每次急冷时试样破裂数量，个。

以两组试样所测得的 ΔT 平均值作为测试结果，规定平行误差不大于 5℃，否则要求重新测试。

3. 注意事项

(1) 在试样的制备中，试样两端在喷灯上烧圆的程度以棱面消失为准，如果烧的时间过长，试样易变形。

(2) 对于片状和块状玻璃来说，在制备试样时，先把玻璃在喷灯上烧到软化状态，然后用镊子加工拉制成棒状。一般情况下，试样的取样最好在生产线上，从炉内取样时就拉制成棒状，这样便于式样的制作。

(3) 在测量冷水温度时，水银温度计应插在冷水中读数，否则会导致读数误差。

(4) 测试时的加热温度间隔，一般比前次升高 10℃，若要获得更准确的结果，也可低于 10℃进行。

(5) 测试中应保证试样能够快速下落，这样才能达到急冷目的。试样下落时应让试样下落在冷水中央位置，否则有可能使试样落入冷水容器外部，而造成测试失败。

(6) 为防范酒精灯内溢出的火伤人，必须准备一块湿抹布备用。

本章思考题

1. 在测试玻璃试样膨胀系数前，为什么要进行良好的退火处理？

2. 用退过火的玻璃试样所测得的膨胀系数与未退火试样有何区别？

3. 如果制备的试样两端面研磨的不平，在膨胀系数的测试中会发生何种现象？

4. 如果测试膨胀系数时加热温度升到玻璃软化点以上，千分表读数会有什么变化？

5. 在玻璃各种性能的测试中，为什么都要选取无缺陷的玻璃作为被测试样？

6. 测定玻璃密度时，为什么要求对试样进行退火处理？退火玻璃与未退火玻璃哪个密度大？为什么？

7. 测定玻璃密度时，被测试样表面为什么要进行清洁处理？如果试样表面占有油污，会对结果带来什么影响？

8. 测定玻璃密度对玻璃生产有何意义？

9. 悬浮法与沉浮法测试原理有何不同？

10. 为什么悬浮法测定玻璃密度时要求试样表面应光滑和无裂纹？否则会带来什么影响？

11. 悬浮法在测试时，为什么要求蒸馏水的温度与室温相同？

12. 玻棒法测试玻璃的热稳定性为什么不能采取急热法？

13. 试样的直径大小对热稳定性测定结果有无影响？

14. 玻璃的热稳定性与哪些因素有关？为什么？

15. 在测试玻璃的热稳定性之前，为什么要把试样两端面在喷灯上烧圆？目的是什么？

16. 玻璃的耐压强度大，还是抗涨强度大？

第5章 玻璃化学稳定性的检测

玻璃的化学稳定性包括耐水性、耐酸性、耐碱性等，是玻璃的重要性质，也是衡量玻璃制品质量的重要指标。任何玻璃制品都要具有必要的化学稳定性，对于化学稳定性不合格的玻璃制品不能出厂使用。

测定玻璃化学稳定性的目的是检查玻璃制品抵抗介质侵蚀破坏的能力，确定玻璃制品的质量是否满足用户的实际使用要求。但是，各种介质对玻璃的侵蚀作用往往需要足够长的时间才能在宏观上表现出来，如果在实验室里模仿实际使用条件来测定玻璃的化学稳定性，势必达不到及时鉴定产品质量的目的。因此，在测定玻璃化学稳定性时通常采用强化实验条件的方法，如用增加试样表面积、提高测试温度等方法来缩短所需的时间。

第 1 节 测定玻璃耐水性

学习单元 1 98℃下颗粒法测定玻璃耐水性

学习目标

- 掌握 98℃下颗粒法测定玻璃耐水性的原理
- 能用 98℃下颗粒法测定玻璃的耐水性
- 能根据测定结果确定玻璃的耐水等级

一、98℃下颗粒法测定玻璃耐水性的原理

玻璃抗水化学稳定性的测定，通常采用的是颗粒法。颗粒法可以说是一种万能的方法，因为这种方法可以测定各种玻璃制品的化学稳定性（不管什么形状都可以加工成颗粒试样）。颗粒法的实质是将具有一定颗粒度的试样，在某种侵蚀剂的作用下，于某一特定温度下保持一定时间，然后测定颗粒损失的质量，或用一定的分析手段测定玻璃转移到溶液中的成分的含量。

颗粒法的特点是简单而快速。颗粒表面积大，增大了与侵蚀剂的作用面积，而提取的组分也够大，可以消除某些偶然因素的影响。颗粒法的不足之处是容易受颗粒形状、表面大小、温度和溶剂用量等因素的影响，因此测定精确度比较差，如果不做细心准备工作，遵守一切规程，便难以获得精确结果。

本方法根据酸碱中和原理，采取对玻璃强化试验，进行耐水性测定。当玻璃与侵蚀介质接触时，就会发生溶解和侵蚀。在以水为侵蚀介质的情况下，当侵蚀发生时，首先是碱性金属氧化物和碱土金属氧化物形成的水溶性硅酸钾、硅酸钠、硅酸钡、硅酸钙等溶于水，而不溶的水解产物积聚于玻璃表面，形成保护膜，从而阻碍进一步的水解反应，表面侵蚀过程很快随时间而减慢。

颗粒法根据酸碱中和的原理，采取在 98℃下对玻璃进行强化试验（加热

60 min)，用标准盐酸溶液对析出的碱量进行滴定，根据所消耗的 HCl 标准溶液的毫升数确定玻璃的耐水等级。也可以用从玻璃中侵蚀出的 Na_2O 毫克数来表示。其换算关系是 1 mL 0.01 mol/L HCl 溶液相当于 0.31 mg Na_2O，即：

$$G=0.31V$$

式中　G——析出的 Na_2O 量，mg；

V——滴定时 HCl 标准溶液的耗用量，mL。

二、98℃下颗粒法测定玻璃耐水性的操作

1. 操作准备

（1）准备仪器

电热恒温水浴锅，酸式滴定管，250 mL 锥形瓶，50 mL 容量瓶，25 mL 吸量管，电热干燥箱，玛瑙或不锈钢研钵，筛子一套（40 目筛、60 目筛各一个），分析天平，5 mL 量筒，1 000 mL 烧杯，温度计，镊子，磁铁等。

（2）准备试剂

1）酒精。

2）0.01 mol/L HCl 标准溶液：量取 0.9 mL 浓盐酸，稀释至 1 000 mL，用基准碳酸钠标定其准确浓度。

3）0.5 mol/L NaOH 溶液：将 20 g NaOH 溶于水中，稀释成 1 000 mL。

4）基准物碳酸钠。

5）蒸馏水。

6）甲基红指示剂：将 0.1 g 甲基红溶于 100 mL 60%乙醇中。

（3）制备试样

因为颗粒法是使玻璃颗粒表面受化学处理，为了获得可以比较的结果，要求玻璃颗粒表面积尽量相等，即最好为球形颗粒，为此，制备试样时，应采用薄玻璃块，用弱撞击的方法将其粉碎。

1）将 30～50 g 直径 10～30 mm 的被测玻璃块放入淬火钢研钵（见图 5—1），

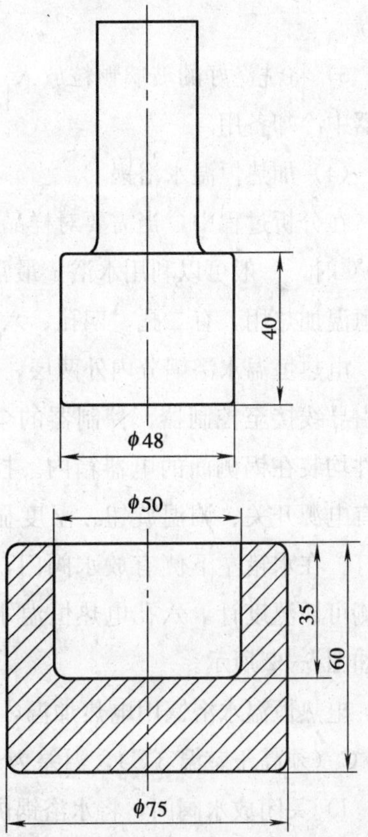

图 5—1　特制研钵结构示意图

插入杵，用锤子猛击一次，过筛，重复操作；或将 50 g 粗碎玻璃放入玛瑙或不锈钢研钵中研磨，研磨时，杵应在研钵中做圆周运动，这样可使玻璃碎块免受冲击而形成片状体。

2）玻璃碎块研细后，用 40 目和 60 目的标准筛过筛，取两筛间的颗粒（0.3～0.5 mm）10～15 g。过筛时应先过大孔筛，后过小孔筛。

3）为了去掉试样中扁平的或带有玻璃粉末的颗粒，可将所得的玻璃试样撒到倾斜放置的玻璃板上，轻轻敲击，球形颗粒便向下滚动，扁平颗粒阻滞下来。重复操作 2～3 次，再用镊子仔细地将试样中夹带的扁平颗粒和有粉壳的颗粒除去（在光照下，不透明的、暗颜色的颗粒是有缺陷的玻璃），就可获得较为均匀的玻璃颗粒。

4）将获得的玻璃颗粒置于干净的有光纸上，用磁铁吸出铁屑后，放入烧杯。

5）用自来水冲洗玻璃颗粒数次，至冲洗液中无混浊为止，然后用蒸馏水洗 3 次，再用无水酒精洗一次。在洗涤过程中，应避免剧烈振动，以免形成过细的玻璃颗粒。

6）将洗涤好的玻璃颗粒放入 140℃的电热干燥箱中烘干至恒重，然后置于干燥器中冷却备用。

（4）加热恒温水浴锅

在分析过程中，当需要对样品进行加热，并要求受热均匀，而温度又不能超过 100℃时，一般可以利用水浴。最常用的是电热恒温水浴锅，在分析检验中作蒸发和恒温加热用，有二孔、四孔、六孔等不同规格。

电热恒温水浴锅分内外两层，内层用铝板制成，槽底安装铜管，内装电炉丝，并由导线接至控制器。控制器的全部电器部件均装在锅侧面的电器箱内。控制器表面有电源开关、调温旋钮、温度显示和指示灯。在水箱左下侧有放水阀门，水箱后上侧可插温度计。六孔电热恒温水浴锅外形如图 5—2 所示。

图 5—2　六孔电热恒温水浴锅

电热恒温水浴锅用电热加温，电源电压为 220 V。锅内水浴恒温范围在 37～100℃（须高于室温 3℃），温差为±1℃。

1）关闭放水阀门，将水浴锅内注入清水到适当的深度。

2）将电源插头接在插座上，插座应正确接地。

3）调节调温旋钮顺时针至 98℃位置。

4）开启电源开关接通电源，红灯亮表示炉丝通电加热。

5）炉丝加热后，当温度计的指数上升到距离所需温度约 2℃时，应反向转动调温旋钮至红灯熄灭。此后红灯不断熄亮，表示恒温控制器发生作用。这时再略微调节调温旋钮，即可达到预定的恒定温度。

（5）标定盐酸标准溶液

具体操作参见本教材第 1 章第 4 节。

（6）对容量瓶和锥形瓶进行预处理

由于新的容量瓶和锥形瓶玻璃本身也存在受水侵蚀的问题，故在使用前需对它们预先用酸处理。将分析用的 250 mL 锥形瓶和 50 mL 容量瓶内装入稀硫酸，放入已在 98℃恒温的水浴锅内，恒温加热 60 min，取出后用蒸馏水冲洗干净。分析检验结束后，保留好使用过的锥形瓶和容量瓶，下次分析测定时可直接使用，不必再进行酸预处理。

（7）制备去 CO_2 水

具体操作参见本教材第 1 章第 5 节。

2. 操作步骤

（1）称量试样

1）用分析天平精确称量 3 份试样，每份 2 g，分别放入预先用酸液处理过的 50 mL 容量瓶中，用去 CO_2 水充满至标线，并使玻璃颗粒均匀分布在瓶底。

2）取两个容量瓶，一个用作空白试验，另一个插入温度计，用作温度控制。

（2）加热处理试样

1）将所有容量瓶放进水浴锅（不加塞），使瓶颈的一半浸没在水里。

2）控制水浴锅的加热速率，使容量瓶内液体在 3 min 内达到（98±0.5）℃。

3）2 min 后，塞上瓶塞。从浸没时间起连续加热（60±1）min。

（3）滴定

1）取出容量瓶，打开瓶塞，放入冷水槽，以自来水冷却至室温。

2）用纯水补充至标线，静置。

3）从每个容量瓶吸取 25 mL 清液，置于经过酸预处理的锥形瓶中。

4）向每个锥形瓶内加 2 滴甲基红指示剂。

5）将 0.01 mol/L 盐酸标准溶液装入酸式滴定管，滴定锥形瓶中的侵蚀溶液至微红色。

（4）分级

根据盐酸标准溶液的消耗量及其析出碱的量，按表 5—1 对玻璃进行耐水性分级。

表 5—1　　98℃下颗粒法玻璃耐水性分级

玻璃耐水分级	每 g 玻璃颗粒消耗的 0.01 mol/L 盐酸溶液 /（mL/g）	每 g 玻璃颗粒析出碱的量 ［以 Na_2O 的质量表示/（μg/g）］
HGB1	＜0.10	＜31
HGB2	0.10～0.20	＞31～62
HGB3	＞0.20～0.85	＞62～264
HGB4	＞0.85～2.0	＞264～620
HGB5	＞2.0～3.5	＞620～1085

注：1 mL 0.01 mol/L 盐酸溶液相当于 310 μg 氧化钠。

3. 注意事项

（1）电热恒温水浴锅内的水位一定要保持不低于电热管，否则将立即烧坏电热管。

（2）水浴锅的控制箱内部不可受潮湿，以防漏电损坏。

（3）在按表 5—1 对玻璃进行耐水性分级时，先要将滴定时消耗的盐酸标准溶液的体积换算成浓度为 0.01 mol/L 时所对应的体积。

学习单元 2　内表面法测定玻璃耐水性

学习目标

- 掌握内表面法测定玻璃耐水性的原理
- 能用内表面法测定玻璃的耐水性
- 能根据测定结果确定玻璃的耐水等级

一、内表面法测定玻璃耐水性的原理

内表面法即容器法，是根据酸碱中和的原理进行玻璃耐水性的测定，但它采取直接对受检玻璃容器进行强化试验的方式。在玻璃容器中装入蒸馏水，在热压作用下，使玻璃容器中的碱金属离子部分被浸析进入水中，被浸析溶出的碱用 0.01 mol/L 硫酸标准溶液滴定，根据所消耗硫酸标准溶液的毫升数确定玻璃的碱溶出量。

本法适用于药用玻璃容器碱溶出量的测定。

二、内表面法测定玻璃耐水性的操作

1. 操作准备

（1）准备仪器

高压消毒锅、1 000 mL 烧杯、100 mL 吸量管、1 mL 分度吸量管、250 mL 锥形瓶、1 000 mL 量筒、酸式滴定管、低温电炉。

（2）准备试剂

1）甲基红指示剂：将 0.1 g 甲基红溶于 100 mL 60%乙醇中。

2）0.01 mol/L 硫酸标准溶液：用 1 mL 分度吸量管准确量取 0.56 mL 浓硫酸，置于已加有 994.4 mL 蒸馏水的烧杯中，搅拌均匀。

（3）根据表 5—2 确定受检容器数量

表 5—2　　受检容器数量

容器的公称容量/mL	<5	5～30	>30
受检容器数量/只	≥20	≥10	≥3

2. 操作步骤

（1）处理容器

1）用蒸馏水冲洗每只容器内壁至少 2 次。

2）对每只玻璃容器灌蒸馏水到满口容量的 90%。

3）熔封或用衬以事先用乙醇冲洗过二次的锡箔纸的合适瓶盖封闭口部。

（2）加压加热

1）将灌有蒸馏水的玻璃容器全部放入高压消毒锅内，关紧消毒锅，打开排气旋塞。

2）将高压消毒锅加热至蒸气从排气旋塞中剧烈喷出，持续 10 min。

3）关紧排气旋塞，继续加热，使温度在 19～23 min 内达到 121℃。从达到该温度时开始计时，在 121℃热压保温 60 min。

4）关闭热源，缓缓排气，在 38～46 min 内排气完毕。

5）立即用流动水冷却至室温。

（3）滴定

1）将全部受检容器中的浸出液倒入一只洁净、干燥、容量合适的玻璃烧杯中。

2）准确吸取 100 mL 浸出液，置于 250 mL 锥形瓶中。

3）向锥形瓶中加 2～3 滴甲基红。

4）迅速用 0.01 mol/L 硫酸标准溶液滴定到溶液呈微红色，即为终点。同时以空白蒸馏水校正。

（4）计算碱溶出量

按如下公式计算碱溶出量：

$$碱溶出量=V-V_1$$

式中　碱溶出量——100 mL 试液消耗 0.01 mol/L 硫酸溶液的毫升数；

V——滴定时试液消耗硫酸标准溶液的体积，mL；

V_1——相同于试液体积的空白蒸馏水所消耗硫酸标准溶液的体积，mL。

（5）判定耐水性等级

根据计算得到的碱溶出量，按表 5—3 对玻璃进行耐水性分级。

表 5—3　　容器法玻璃耐水类型判别

容器的容量/（mL）平均溢流容量的 90%		<1	1～2	2～5	5～10	10～20	20～50	50～100	100～200	200～500	>500
100 mL 浸出液消耗	Ⅰ、Ⅱ类玻璃	1.0	0.9	0.65	0.50	0.40	0.30	0.25	0.20	0.15	0.10
0.010 mol/L 硫酸的体积（mL）	Ⅲ类玻璃	10.0	8.8	6.6	5.1	4.05	3.05	2.4	1.9	1.45	1.1

注：①Ⅰ类为硼硅酸盐玻璃容器，用于盛装酸性、中性和碱性的注射用药物制剂。

②Ⅱ类为经过适当脱碱的钠钙玻璃容器，通常用于盛装酸性和中性的注射用药物制剂，并只能一次性使用。

③Ⅲ类为钠钙玻璃容器，一般用于非水的液体制剂或注射用粉末，并只能一次性使用。

④Ⅳ类玻璃容器通常用于盛装口服制剂或局部制剂。

第 2 节　测定玻璃的耐酸性

学习目标

- 掌握称量法测定玻璃耐酸性的原理
- 能用称量法测定玻璃的耐酸性
- 能根据测定结果确定玻璃的耐酸等级

一、称量法测定玻璃耐酸性的原理

称量法测定玻璃耐酸性用的是沸腾盐酸浸蚀试验法。即用约 100 cm² 玻璃试样，在沸腾的（6±0.2）mol/L 盐酸溶液中浸蚀 6 h，测定玻璃单位表面损失的质量，用来表示玻璃的耐酸性，并根据损失质量的多少对玻璃进行分级。

本方法适用于多种玻璃，特别适用于耐酸性较差的各种玻璃。

二、称量法测定玻璃耐酸性的操作

1. 操作准备

（1）准备仪器

金刚石玻璃刀，细砂轮，电热干燥箱，干燥器，分析天平，500 mL 塑料烧杯，500 mL、1 000 mL 玻璃烧杯，游标卡尺（分度值 0.02 mm），磁搅拌器（内具塑料套转子），1 000 mL 广口锥形烧杯（玻璃耐酸级别为 H_1），铂丝，500 mL 塑料量筒，100 mL、500 mL、1 000 mL 玻璃量筒，煤气喷灯，三脚架，冷凝器，塑料棒，镊子，橡胶塞，打孔器。

（2）准备试剂

1）无水乙醇或丙酮。

2）6 mol/L 盐酸溶液：取 500 mL 分析纯盐酸（1.18 g/mL），置于已经加有 500 mL 蒸馏水或去离子水的 1 000 mL 玻璃烧杯中。

3）2 mol/L 盐酸溶液：取 83 mL 分析纯盐酸（1.18 g/mL），置于已经加有 416 mL 蒸馏水或去离子水的 500 mL 烧杯中。

4）40%氢氟酸。

（3）处理镊子

用塑料或铂包裹镊子头部，使用之前，将头部用 2 mol/L 盐酸溶液处理，并用水清洗干净。

（4）制备试样

1）选择退火良好的玻璃管或玻璃片，放在操作台上，用玻璃刀切割 4 个形状易测的试样（如长方形、方形等），每个试样的总表面积在（100±10）cm^2。切割时要避开有印迹的部位。

2）将切割断面在细砂轮上研磨光滑，不得留有毛刺或机械损伤，不得用火抛光。

3）用水清洗试样，然后用无水乙醇或丙酮漂洗。

4）将试样放入电热干燥箱中，在 150℃干燥 45 min。

5）取出试样后，置于干燥器中，冷却 45 min。

（5）配制 500 mL 1∶9 的氢氟酸、盐酸混合溶液用塑料量筒量取 50 mL 氢氟酸，用玻璃量筒量取 450 mL 2 mol/L 盐酸溶液，倒入烧杯，用玻璃棒搅拌，混合均匀。

（6）制作烧杯架

取一个 500 mL 塑料烧杯，用铂丝做成一个架子，如图 5—3 所示，放入烧杯中，用以支撑试样。

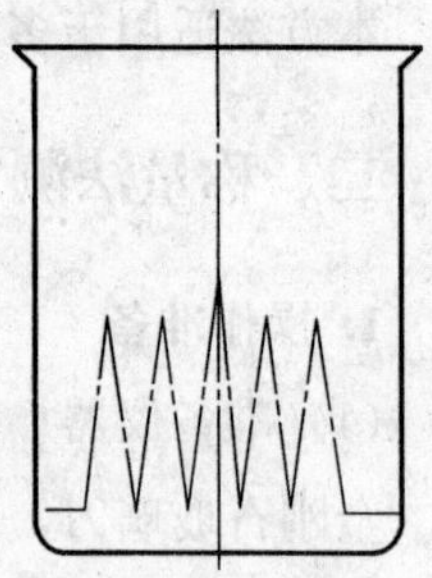

图 5—3　内具铂丝架子的塑料烧杯

（7）处理橡胶塞

给锥形烧杯配橡胶塞，并按冷凝器下部管径，给橡胶塞打孔。

2. 操作步骤

（1）酸预处理

1）将试样放入塑料烧杯内的支架上，小心放入一个塑料套转子。

2）沿杯壁加入 1∶9 的氢氟酸、盐酸混合溶液，直至试样完全浸没。混合液的温度应接近室温。

3）用磁力搅拌器搅拌 10 min。

4）用塑料棒夹住试样，倒出混合液，在烧杯中注入水，再倾出。

5）用镊子取出试样，用水洗净，再以无水乙醇或丙酮漂洗。

6）将试样放入电热干燥箱中，在 150℃干燥 45 min。

7）取出试样后，置于干燥器中，冷却 45 min。

8）在分析天平上分别称量，记录质量 m_1。

（2）点燃煤气喷灯

1）打开实验室的窗户，保持空气流通。

2）把煤气喷灯放在防火板上，三脚架放在喷灯上，连接好煤气管路。

3）把灯脚的气孔关闭，点燃火柴，并放在出气口上。

4）打开燃气阀，把灯点燃，这时火焰为橙色。

5）打开气孔，使空气进入，火焰转为蓝色，温度升高。

（3）测试

1）在广口锥形烧杯中加 800 mL 6 mol/L 盐酸溶液，置于煤气喷灯的三脚架上，加热至沸。

2）试样用铂丝悬挂，浸没于沸腾的酸液中，试样之间不得互相接触或碰撞杯壁。

3）装上冷凝器，保持盐酸溶液均匀沸腾 6 h。

4）取出试样，用蒸馏水冲洗干净。

5）放入 150℃电热干燥箱中按前述方法烘干冷却，称量，记录质量 m_2。

沸腾盐酸浸蚀试验法装置如图 5—4 所示。

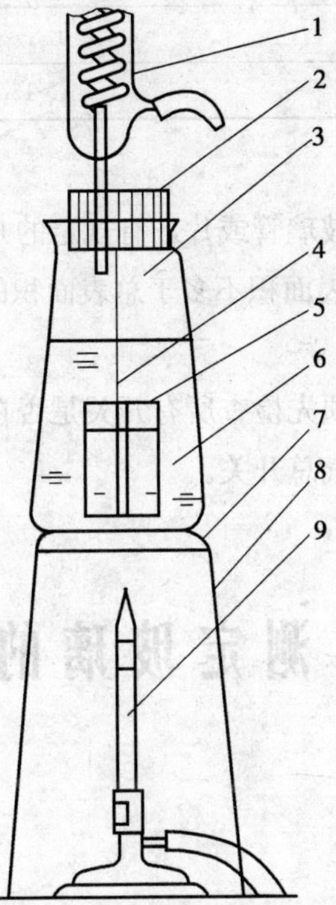

图 5—4　沸腾盐酸浸蚀试验法装置

1—冷凝器　2—橡胶塞　3—锥形烧杯　4—铂丝　5—玻璃试样

6—盐酸　7—石棉网　8—三脚架　9—煤气喷灯

（4）耐酸性的计算和判定

根据测定结果，按下式计算玻璃每平方分米表面积损失的质量：

$$H_{酸}=\frac{100\ (m_1-m_2)}{A}$$

式中　$H_{酸}$——试样每单位表面积损失的质量，mg/dm^2；

m_1——试样浸蚀前的质量，mg；

m_2——试样浸蚀后的质量，mg；

A——试样总表面积，cm^2。

根据每平方分米玻璃所损失质量的毫克数的一半，按表 5—4 对玻璃耐酸浸蚀性进行分级。

表 5—4　　玻璃耐酸浸蚀性分级

级别	特性	6 h 后表面损失质量的一半/（mg/dm^2）
H1	低浸蚀性	0～0.7
H2	弱浸蚀性	>0.7～1.5
H3	中浸蚀性	>1.5～15.0
H4	高浸蚀性	>15.0

3. 注意事项

（1）用来检测的试样应为玻璃管或片，有规定的几何形状，退火良好，总面积在（100±10）cm^2。新切割的表面积不多于总表面积的约10%，断面要细工研磨，不得用火抛光边缘。

（2）使用煤气喷灯前，必须先检查所有开关是否在关闭状态。只有当所有开关都在关闭状态时，才能打开燃气总开关。

第 3 节　测定玻璃的耐碱性

学习目标

- 掌握称量法测定玻璃耐碱性的原理
- 能用称量法测定玻璃的耐碱性
- 能据测定结果确定玻璃的耐碱等级

一、称量法测定玻璃耐碱性的原理

称量法测定玻璃的耐碱性，即玻璃耐沸腾混合碱水溶液浸蚀性试验法。是用沸腾的碳酸钠和氢氧化钠混合水溶液，强化对玻璃试样的浸蚀，并用试样单位表面积损失的质量来表示玻璃的耐碱性，根据损失质量的多少对玻璃进行耐碱性分级。

二、称量法测定玻璃耐碱性的操作

1. 操作准备

（1）准备仪器

1）试验容器。试验容器是由带半球形的底和紧密结合的盖子组成的圆柱形杯子，其材质用纯银或耐碱的银合金或焊接不锈钢（18%Cr、10%Ni、最高 0.08%C 以及附加 Ti）。内有 4 个悬挂样品的吊钩焊在盖子上，如图 5—5 所示。为了保证杯体和盖子之间接缝的密封性，必要时可加一个材质稳定的垫圈，如聚四氟乙烯密封圈。

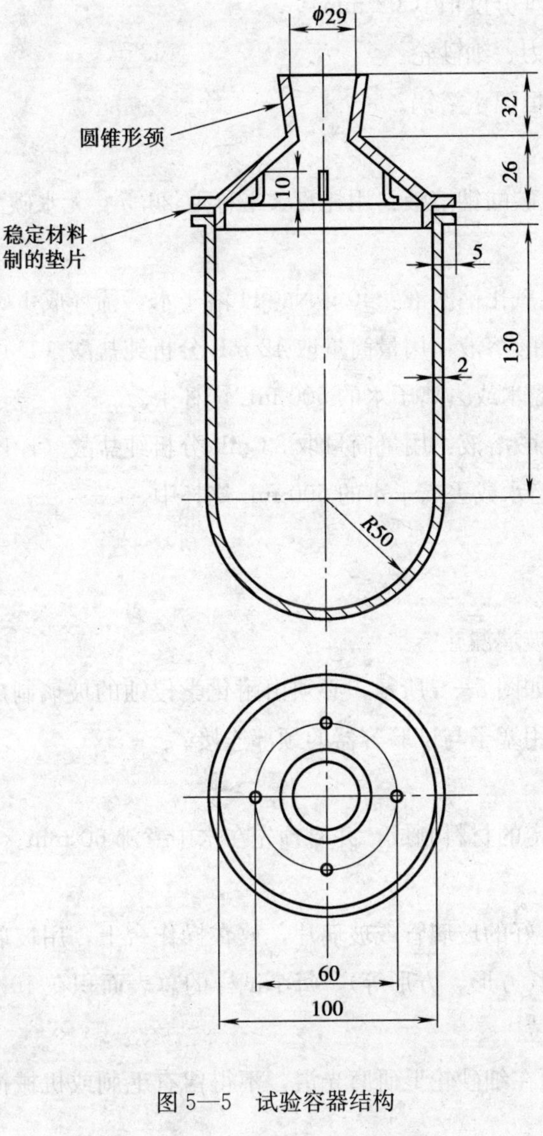

图 5—5　试验容器结构

2）冷凝器（长 400 mm，由耐化学侵蚀的玻璃制成），古氏玻璃漏斗。

3）镊子（用塑料或银或铂包头）。

4）分析天平，托盘天平。

5）电热恒温干燥箱。

6）50 mL 塑料量筒，500 mL、1 000 mL 玻璃量筒。

7）500 mL 塑料烧杯，500 mL、1 000 mL 玻璃烧杯。

8）铂丝、银丝。

9）0～150℃温度计（分度值 0.5℃）。

10）游标卡尺（分度值 0.02 mm）。

11）玻璃切割刀、细砂轮。

12）单孔电热恒温水浴锅。

（2）准备试剂

1）0.5 mol/L 碳酸钠溶液：用托盘天平称取 26.5 g 无水碳酸钠，用水溶解后稀释至 500 mL。

2）1 mol/L 氢氧化钠溶液：40 g NaOH 溶于水，稀释成 1 000 mL。

3）1 mol/L 盐酸溶液：用量筒量取 42 mL 分析纯盐酸（1.18 g/mL），置于已经加有 458 mL 蒸馏水或去离子水的 500 mL 烧杯中。

4）2 mol/L 盐酸溶液：用量筒量取 83 mL 分析纯盐酸（1.18 g/mL），置于已经加有 417 mL 蒸馏水或去离子水的 500 mL 烧杯中。

5）氢氟酸。

6）丙酮或乙醇。

（3）安装古氏玻璃漏斗

古氏玻璃漏斗如图 5—6 所示，必须由耐化学侵蚀的玻璃制成，上口用塞子与冷凝器连接，下管用塞子与试验容器的颈部连接。

（4）处理塞子

塞子由材质稳定的材料制成，并要预先在水中煮沸 60 min。

（5）制备试样

1）选择退火良好的玻璃管或玻璃片，放在操作台上，用玻璃刀切割出 2 个形状易测的试样（如长方形、方形等），每个试样的总表面积在 10～15 cm^2。切割时要避开有印迹的部位。

2）将切割断面在细砂轮上研磨光滑，不得留有毛刺或机械损伤，不得用火抛光。

3）用镊子夹住试样，用纯水冲洗三遍，再用丙酮或无水乙醇漂洗。

4）将试样放入电热恒温干燥箱中，在 110℃干燥 60 min。

5）取出试样后，置于干燥器中，冷却 45 min。

（6）准备恒温槽

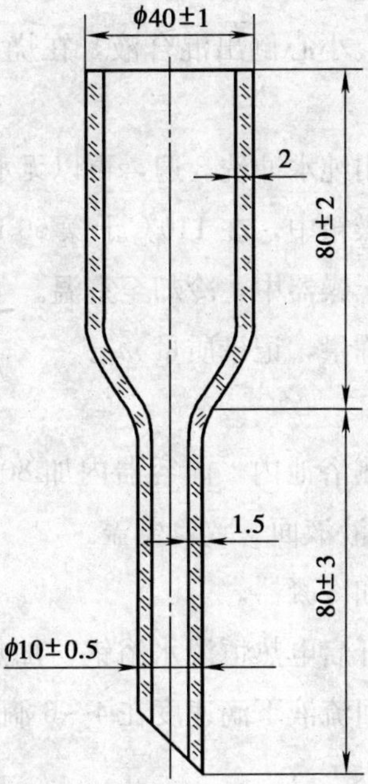

图 5—6　古氏玻璃漏斗

由于测定要求在 100～120℃的恒温中进行，为此，将甘油加入单孔电热恒温水浴锅，以此作为加热和传热介质（甘油可以加热到 140～150℃），组成恒温槽。

（7）配制混合碱溶液

分别量取 400 mL 0.5 mol/L 碳酸钠溶液和 400 mL 1 mol/L 氢氧化钠溶液，倒入 1 000 mL 大烧杯内，用玻璃棒搅拌，混合均匀备用。

（8）配制 500 mL 1∶9 的氢氟酸、盐酸混合溶液

分别用塑料量筒和玻璃量筒量取 50 mL 氢氟酸和 450 mL 2 mol/L 盐酸溶液，倒入 500 mL 烧杯中，用玻璃棒搅拌，混合均匀备用。

（9）制作烧杯架

方法同本章第 2 节。

2. 操作步骤

（1）酸预处理

1）将试样放在塑料烧杯内的支架上。

2）沿杯壁加入 1∶9 的氢氟酸、盐酸混合溶液，直至试样完全浸没。混合液的温度应接近室温。

3）使试样在室温下浸蚀 10 min。

4）用塑料棒夹住试样，小心倒出混合液，在烧杯中注入水，再倾出，反复 5 次。

5）用镊子取出试样，用纯水冲洗 3 遍，再以无水乙醇或丙酮漂洗。

6）将试样放入电热干燥箱中，在 110℃干燥 60 min。

7）取出试样后，置于干燥器中，冷却至室温。

8）在分析天平上分别称量，记录质量 m_1。

（2）加热碱液

1）将试验容器浸入加热浴池内，向容器内加 800 mL 碳酸钠和氢氧化钠的混合溶液，使容器内液面与浴液液面一致，盖盖。

2）安装古氏玻璃漏斗和冷凝器。

3）接通冷凝器水流，开启电热恒温水浴锅，加热浴液，使试验容器内温度达到（102.5±0.5)℃，控制回流液下滴速度在 4～6 滴/s。

（3）浸蚀试样

1）打开盖子，用银丝将试样片悬挂在容器盖子的吊钩上，将试样浸入煮沸的混合碱溶液，并防止试样之间或试样与容器壁之间相互接触或碰撞。

2）从试样浸入时算起，在混合碱溶液中连续煮沸 3 h±2 min。

（4）第 2 次称量

1）取出试样，快速地放入 1 mol/L 盐酸溶液里，浸泡 3 次，分别用纯水洗涤 3 次，最后用丙酮或无水乙醇漂净。

2）将试样置于电热恒温干燥箱中，在 110℃干燥 60 min。

3）在干燥器中冷却至室温，再次称量试样，记录为 m_2。

（5）计算耐碱性

按如下公式计算试样每单位表面积损失的质量：

$$H_{碱} = \frac{100 \times (m_1 - m_2)}{A}$$

式中 $H_{碱}$——试样每单位表面积损失的质量，mg/dm^2；

m_1——试样浸蚀前的质量，mg；

m_2——试样浸蚀后的质量，mg；

A——试样总表面积，cm^2。

由两个试样所得的结果求出平均值，根据每平方分米玻璃所损失质量的毫克数，按表 5—5 进行耐碱性分级。

表 5—5　　耐碱性分级

级别	特性	3 h后单位面积损失的质量/（mg/dm^2）
A1	低浸蚀性	0～75
A2	弱浸蚀性	＞75～175
A3	高浸蚀性	＞175

3. 注意事项

（1）制备试样时，新切割的表面应不多于总表面积的 20％。

（2）计算试样的总表面积时，误差应小于 2％。

本章思考题

1. 为什么用于分析检测的样品均应为没有使用过的，且未经受任何化学试验的玻璃或玻璃容器？

2. 用盐酸溶液测定玻璃耐水性时，盐酸用量可能有偏高的现象，为什么？

3. 什么叫玻璃的化学稳定性？玻璃的化学稳定性包括哪几个方面？

4. 用 98℃下颗粒法测定玻璃耐水性时，对试样有何要求？

5. 称量法测定玻璃耐酸性时，为什么要对试样进行酸预处理？

6. 玻璃耐酸性和耐碱性的计算公式看起来是一样的，它们在本质上有什么区别？

第 6 章

玻璃生产用燃料的分析

第 1 节　固体燃料的分析

学习单元 1　测定煤炭和焦炭的水分

学习目标

- 了解固体燃料的组成
- 掌握固体燃料中水分的测定原理
- 能测定煤炭和焦炭的水分

一、固体燃料中的水分及测定原理

固体燃料（如煤、焦炭等）的燃烧不易控制，燃烧时又会把烟尘及炉灰带进窑内污染玻璃，故在现代玻璃生产中主要使用气体燃料和液体燃料。当在某些情况下使用固体燃料时，需将其气化成发生炉煤气或干馏成焦炉煤气后使用。煤中水分对煤的气化及煤气质量有不利影响，一般要求烟煤和无烟煤的水分不大于 8%。

煤中的水分分为化合水和游离水。以化合方式与煤结合的水分称为化合水，以

吸附方式与煤结合的水分称为游离水。游离水又分为外在水分和内在水分。

1. 外在水分（W_{WZ}）

外在水分吸附在煤的表面，是在一定温度条件下，煤样与周围空气湿度达到平衡时所失去的水分。

将一定量的应用煤样，在 70～80℃的条件下干燥 1.5 h，再于室温下自然干燥至恒量，以其所失去的质量占煤试样质量的百分数作为外在水分含量。

除去外在水分的煤称为风干煤。

2. 内在水分（W_{NZ}）

内在水分吸附在煤内部的毛细孔内，是在一定的温度条件下，煤样在空气干燥状态下达到平衡时所失去的水分。

将一定量的风干煤样于一定的条件下干燥至恒量，以其所失去的质量占煤试样质量的百分数作为内在水分含量。

测定内在水分时，烟煤的控制条件是：恒温 105～110℃，干燥 2 h；无烟煤的控制条件是：恒温 105～110℃，干燥 2.5～3 h；褐煤的控制条件是：恒温 140～150℃，干燥 45 min。

3. 全水分（W_Q）

外在水分与经过换算的内在水分之和称为全水分。

将一定量的直接破碎至 3 mm 以下的应用煤样（也有的标准规定破碎粒度为 6 mm以下），于一定条件下干燥至恒量，即可计算全水分含量，控制条件与测定内在水分相同。

测定煤样的外在水分和内在水分时，煤样条件是不相同的，只有将风干煤样的内在水分含量换算为应用煤样的内在水分含量，再加上外在水分含量，才是应用煤样的全水分含量。

煤的全水分组成如图 6—1 所示。

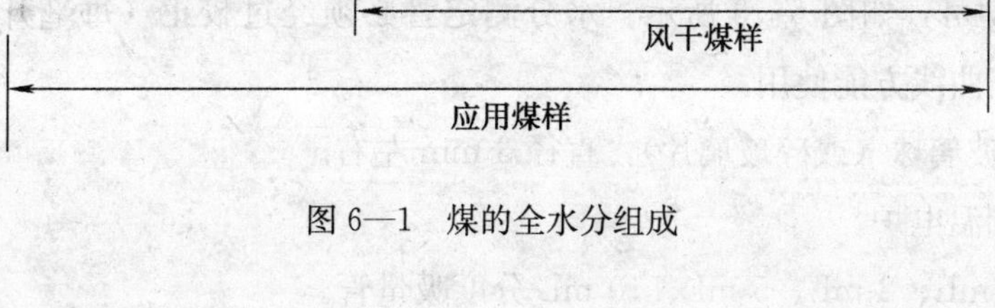

图 6—1　煤的全水分组成

4. 分析水分（W^f）

分析煤样在规定条件下测得的水分，称为分析水分。分析煤样是指将风干煤样破碎至0.2 mm以下所得的煤样。分析水分的测定一般采用以下两种方法。

（1）恒温干燥法

将一定量的分析煤样于一定条件下干燥至恒量，以其所失去的质量占煤样质量的百分数作为分析水分含量。

测定分析水分时，烟煤的控制条件是：恒温105～110℃，干燥1 h；无烟煤的控制条件是：恒温105～110℃，干燥1～1.5 h；褐煤的控制条件是：恒温140～150℃，干燥1 h。

（2）有机溶剂蒸馏法

在分析煤样中加入有机溶剂并进行蒸馏，使煤中的水分全部分离出来。以蒸馏出水的质量占分析煤试样质量的百分数作为分析水分含量。

二、测定煤炭和焦炭中水分的操作

1. 操作准备

（1）准备仪器

1）电热恒温干燥箱：带有自动调温装置，内附鼓风机。

2）干燥器：内装干燥剂（变色硅胶或块状无水$CaCl_2$）。

3）方形浅盘：用镀锌铁板或铝板制成，长280 mm，宽230 mm，高30 mm。

4）玻璃称量瓶：直径40 mm，高25 mm，并附有磨口的盖。

5）瓷皿：外径40 mm，高15 mm，壁厚1.5 mm，并附有密合的盖，如图6—2所示。

6）分析天平，托盘天平。

7）冷凝管：直形，管长400 mm左右。

8）水分测定管（也称为接收器）：具有刻度，在0.3 mL以下设有10等分的刻线；在0.3～1 mL之间设有7等分的刻线；在1～10 mL之间每毫升刻5格，一般10 mL即可，如图6—3所示。水分测定管必须经过校正（每毫升校正1点），并给出校正曲线方能使用。

9）小玻璃球（或碎玻璃片），直径3 mm左右。

10）调温电炉。

11）1 mL、2 mL、5 mL、10 mL分度吸量管。

12）100 mL量筒。

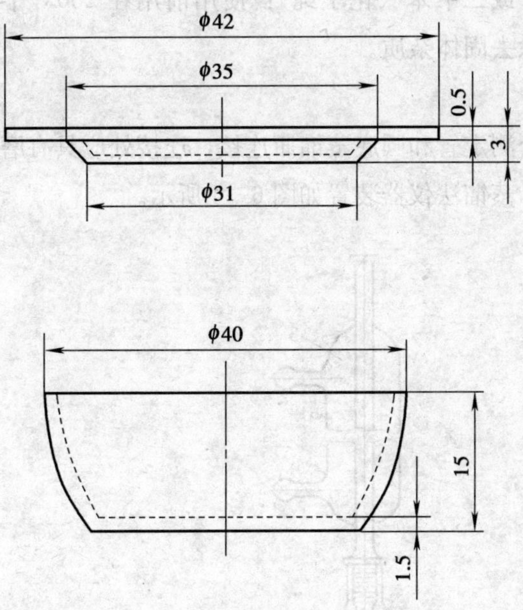

图 6—2　瓷皿

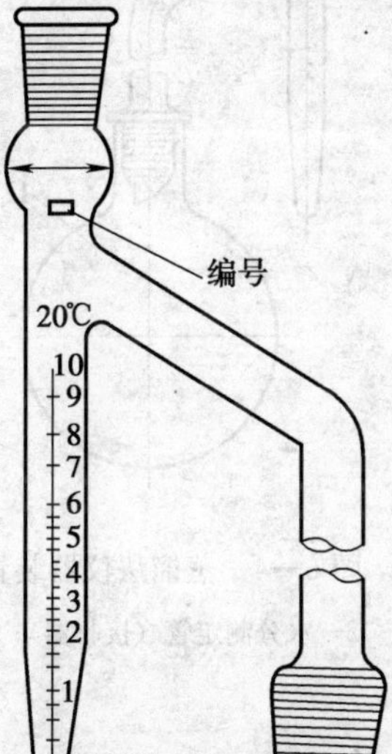

图 6—3　水分测定管

13）500 mL 圆底蒸馏烧瓶。

水分测定所使用的器皿应经过洗涤，烘干至恒重。

（2）准备试剂

甲苯（化学纯）或二甲苯（化学纯）：使用前用在 250℃ 干燥过的无水 $CaCl_2$ 脱除水分，并过滤除去固体杂质。

（3）装配仪器

将冷凝管、水分测定管和圆底蒸馏瓶连接，连接处应具有磨口接头，可以用磨口塞或软木塞连接。蒸馏法仪器装置如图 6—4 所示。

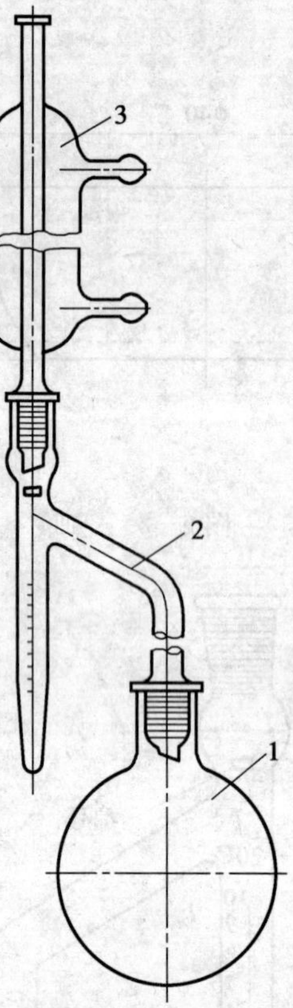

图 6—4　蒸馏法仪器装置

1—烧瓶　2—水分测定管（接收器）　3—冷凝管

（4）制备煤样

按采样操作要求从煤堆取样，样品应具有代表性，块状煤应经过破碎。测定煤的全水分时，煤样应破碎至 3 mm 以下；分析基煤样应将风干煤样细碎至 0.2 mm 以下。

2. 操作步骤

（1）测定外在水分

1）将全部小于 3 mm 的煤样在煤样容器内混合均匀。

2）用已知质量的方形浅盘在托盘天平上称取煤样 500 g，准确至 0.5 g。

3）将煤样均匀铺平，厚度不超过 25 mm，放入 70～80℃的电热恒温干燥箱内，干燥 1.5 h。

4）取出方形盘，在室温下完全冷却后称量。

5）于室温下自然干燥，并随时翻动煤样，每隔 1 h 称量一次，直至质量变化不超过前依次称量的 0.1%，即认为干燥完全。

在所有的情况下，都采用最后一次质量作为计算依据。

煤样的外在水分按下式计算：

$$W_{WZ}=\frac{m-m_1}{m}\times 100\%$$

式中　m——应用煤试样的质量，g；

m_1——应用煤试样失去水后的质量，g。

煤样的真实外在水分（W'_{WZ}）按下式计算：

$$W'_{WZ}=W_1+W_{WZ}\times\frac{100-W_1}{100}$$

式中　W_1——应用煤样的外在水分损失量，%。

W_1 按如下方法测定：收到全水分煤样后，用托盘天平核查装有全水分煤样的容器质量（连同煤样一起）。如果称量量（准确至 0.5 g）少于标签上记录的质量，则减少的部分为煤样外在水分的损失量，然后计算该损失量占煤样的百分数。

（2）测定烟煤和无烟煤的分析水分

1）常规测定法

①在分析天平上，用预先烘干和称出质量（精确至 0.000 2 g）的称量瓶（或瓷皿）称取粒度为 0.2 mm 以下分析煤样（1±0.1）g（精确至 0.000 2 g）。

②将称量瓶盖开启，放入预先鼓风并加热到 105～110℃的电热恒温干燥箱内，在一直鼓风的条件下，干燥 1 h。

③从电热恒温干燥箱中取出称量瓶（或瓷皿），加盖。

④在空气中冷却 2～3 min 后，放入干燥器中冷却到室温（约 20 min），称量。

⑤重复以上干燥操作，每次 30 min，直到试样的质量变化小于 0.001 g 或质量增加时为止。在后一种情况下要以增量前一次的称量值为计算依据。水分在 2%以下时不需进行重复干燥。

2）快速测定法

①在分析天平上，用预先烘干和称出质量（精确至 0.000 2 g）的称量瓶（或

瓷皿），称取粒度为 0.2 mm 以下的煤样（1±0.1）g（精确至 0.000 2 g）。

②打开称量瓶盖，放入预先鼓风并加热到 150～160℃的电热恒温干燥箱内，在（145±5）℃的温度下一直鼓风并干燥 10 min。

③从干燥箱中取出称量瓶，并立即盖好，在空气中冷却 2～3 min 后，放入干燥器内冷却到室温（约 20 min），称量。

煤样的分析水分按下式计算：

$$W^{f}=\frac{m-m_{1}}{m}\times 100\%$$

式中 W^{f}——煤样的分析水分，%；

m——分析煤试样的质量，g；

m_{1}——分析煤试样干燥后的质量，g。

所得的结果应表示至两位小数。

（3）有机溶剂蒸馏法测定褐煤水分

1）绘制回收曲线

①用分度吸量管准确量取 0 mL、1 mL、2 mL、3 mL、4 mL、5 mL、6mL、7 mL、8 mL、9 mL、10 mL 蒸馏水，分别放入 11 个蒸馏烧瓶中。

②各加 80 mL 甲苯（或二甲苯）。为防止沸溅，可放适量碎玻璃片或小玻璃球。

③将蒸馏烧瓶按图 6—4 所示安装好。

④打开冷却水管，开启电炉缓缓加热圆底烧瓶，控制加热温度，使冷凝管下端斜口每秒钟滴下 2～4 滴液滴。直到馏出液澄清并在 5 min 内烧瓶内不再有细小气泡出现为止。

⑤蒸馏结束后，取下水分测定管，冷却至室温，记下水的体积（mL）。

⑥根据蒸馏水的加入量和实际回收的毫升数，绘制水的回收曲线，如图 6—5 所示。

2）样品水分的测定

①称取 25 g 0.2 mm 以下的分析煤样（精确至 0.001 g），置于干燥的 500 mL 圆底烧瓶中。

②加入 80 mL 甲苯（或二甲苯），混匀。

③按测绘回收曲线的方法蒸馏。

④结束蒸馏，待水分测定管冷却至室温后，测量馏出水的体积。

⑤由回收曲线查得煤样中对应的水的实际体积。

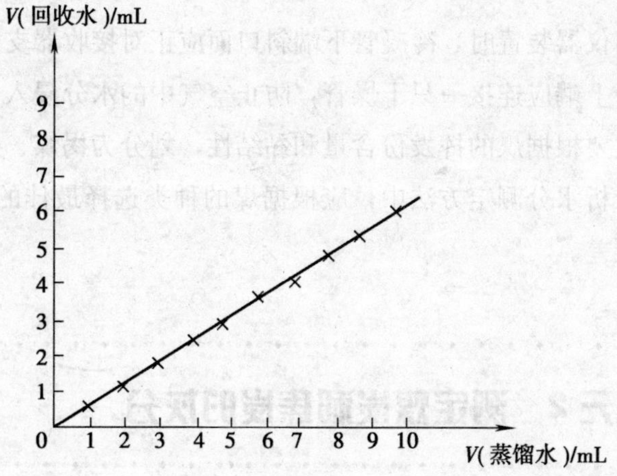

图 6—5　蒸馏法水的回收曲线

煤样的分析水分按下式计算：

$$W^{f}=\frac{V}{m}\times 100\%$$

式中　W^{f}——分析煤试样的水分，%；

V——由回收曲线查得的水的体积，mL；

m——分析煤试样的质量，g。

水分的分析结果表示至两位小数，煤样分析水分平行测定结果的允许差值（同一化验室），不应超过表 6—1 的规定。

表 6—1　　煤样分析水分测定结果的允许差值

W^{f}/%	同一化验室允许差值
<5	0.20
5～10	0.30
>10	0.40

（4）计算全水分

煤样的全水分按下式计算：

$$W_{Q}=W_{WZ}+W^{f}\times\frac{100-W_{WZ}}{100}$$

当记入外在水分损失量时，其全水分按下式计算：

$$W_{Q}=W'_{WZ}+W^{f}\times\frac{100-W'_{WZ}}{100}$$

3. 注意事项

（1）安装蒸馏仪器装置时，冷凝管下端斜口面应正对接收器支管口，各连接处不得漏气，冷凝管上端应连接一只干燥管，防止空气中的水分浸入。

（2）工业上主要根据煤的挥发份含量和黏结性，划分为褐煤、烟煤及无烟煤三大类，在设定的分析水分测定方法中，应根据煤的种类选择最佳的水分测定方法，有利于减小分析误差。

学习单元2　测定煤炭和焦炭的灰分

学习目标

➢ 掌握固体燃料灰分的测定原理

➢ 能测定煤炭和焦炭中的灰分

一、固体燃料中灰分的测定原理

煤的灰分是指煤在规定条件下完全燃烧后的残留物质。煤的灰分来源于煤中的矿物质，主要由硅酸盐及少量的碳酸盐和硫化物组成。在煤的完全燃烧过程中，由于高温而发生一系列分解、化合等反应，煤中矿物质的组成和质量都发生了变化，即灰分不等同煤中的矿物质，因此，煤的灰分测定结果应称为灰分产率。

将一定的分析煤样，放入箱形电炉内灰化，然后在（815±10)℃的条件下灼烧至恒重，并冷却至室温后称量，以残留物质量占煤试样质量的百分数作为灰分产率。

测定灰分产率有缓慢灰化和快速灰化两种方法，可以根据试验要求选择使用。

二、测定煤炭和焦炭灰分的操作

1. 操作准备

（1）准备仪器

1）箱形电炉（马弗炉）：炉膛应具有足够的恒温区，能保持温度为（815±10)℃，炉后壁的上部带有直径 25～30 mm 的烟囱，下部距炉膛底 20～30 mm 处有一个插热电偶的小孔，炉门上有一个直径为 20 mm 的通气孔。

2）灰皿：如图 6—6 所示，瓷制，长方形，底长 45 mm，底宽 20～22 mm，高 14～15 mm，预先灼烧至恒重。

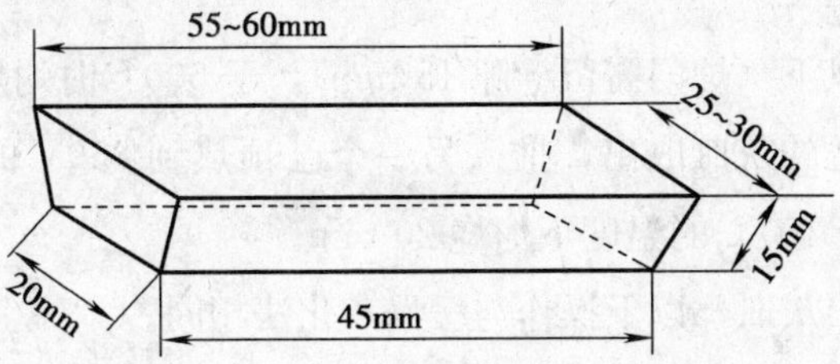

图 6—6　灰皿

3）干燥器：内装干燥剂（变色硅胶或块状无水 $CaCl_2$）。

4）分析天平：精确至 0.000 2 g。

5）托盘天平。

6）耐热瓷板或石棉板。

（2）准备试样

待测煤样应破碎至小于 0.2 mm，并预先处理成空气干燥煤样。

2. 操作步骤

（1）缓慢灰化法

1）用分析天平称取分析煤样（1±0.1）g（精确至 0.000 2 g），置于灰皿中。

2）轻轻晃动灰皿，使煤样均匀地摊平在灰皿中，每平方厘米的质量不超过 0.15 g。

3）将灰皿送入温度不超过 100℃的马弗炉中，炉门留有 15 mm 的缝隙，在自然通风的条件下，控制升温速度，用 30 min 使炉温缓缓升至 500℃，在此温度下保持 30 min 后，再升温至（815±10）℃，关闭炉门，并在此温度下灼烧 1 h。

4）从炉中取出灰皿，在空气中冷却约 5 min，然后移入干燥器中，冷却约 20 min至室温，称量。

5）重复以上的灼烧操作，每次重新在（815±10）℃灼烧 20 min，直至质量变化小于 0.001 g 为止，用最后一次称量的质量作为计算依据。灰分小于 15%时不做重复灼烧。

（2）快速灰化法

1）用分析天平称取分析煤样（1±0.1）g（精确至 0.000 2 g），置于灰皿中。

2）轻轻晃动灰皿，使煤样均匀地摊平在灰皿中，每平方厘米的质量不超过

0.15 g。

3）把灰皿连同试样缓缓推入已预热到 540℃的马弗炉中，若试样着火，发生爆燃，应作废重来。

4）在自然通风下（炉门需留缝隙 15 mm），于 500℃时灼烧 30 min。

5）把盛有试样的灰皿取出，推入另一个已预热到 850℃的马弗炉中，关闭炉门。使其在（815±10)℃的温度下灼烧 20 min。

6）从炉中取出灰皿，以下操作与缓慢灰化法相同。

（3）计算煤样灰分产率

用以上两种方法测定的煤样灰分产率（A^f）按下式计算：

$$A^f = \frac{m_1}{m} \times 100\%$$

式中 A^f——分析煤试样的灰分产率，%；

m_1——恒量后灼烧残留物的质量，g；

m——分析煤试样的质量，g。

煤样灰分产率的计算结果要表示至两位小数，煤样灰分产率平行测定结果的允许差值，不得超过表 6—2 的规定。

表 6—2　煤样灰分产率平行测定结果的允许差值

灰分产率	允许差值	
	同一化验室	不同化验室
<15	0.12	0.30
15～30	0.30	0.50
>30	0.50	0.70

3. 注意事项

（1）严格控制灰分测定的条件，测定条件不稳定会使分析结果产生波动。加热初期的升温速度、煤样厚度、灼烧时炉内的通风量、灼烧时间和最终加热温度等均能影响灰分的分析结果。

（2）在快速灰化法重复灼烧时，如果结果不稳定，应改用缓慢灰化法测定。

（3）快速灰化的灰分结果偏高于缓慢灰化的结果，偏高值基本随煤样中钙和硫含量的增加而增加，这是由于快速灰化法是将煤样直接送入 540℃马弗炉中，在(815±10)℃的炉中灼烧，煤中碳酸盐的分解和硫的氧化几乎同时发生，因此，大量氧化硫被氧化钙所固定，使灰分测定值偏高。在缓慢氧化中，由于分段缓慢升温，消除了氧化硫与氧化钙的相互干扰。故所得的灰分是准确的。

（4）缓慢灰化法通常用于仲裁分析，生产控制分析中常采用快速灰化法。

（5）智能化马弗炉将灰分的测定编成程序，直接按“慢灰”键或“快灰”键，将直接进入测定程序，使灰分的测定变得简单。

学习单元 3　煤炭和焦炭中挥发份和固定碳的测定和计算

学习目标

- 掌握固体燃料中挥发份的测定原理
- 能测定煤炭和焦炭中的挥发份
- 能计算煤炭和焦炭中固定碳的含量

一、固体燃料挥发份的测定原理

煤的挥发份是指煤在规定条件下隔绝加热逸出的、并进行水分校正后的挥发物质，包括煤中有机物的分解产物，部分矿物质的分解产物以及少量不挥发的燃烧产物，这些产物不是煤的固有组分，而是煤在一定条件下发生化学反应的结果，因此，煤的挥发份的测定应该称为挥发份产率。

将一定量的分析煤样在（900±10)℃的条件下，隔绝空气加热 7 min，以所失去的质量占煤试样质量的百分数减去该煤样的水分（W^f）作为挥发份产率，以 V^f 表示。

二、测定煤炭和焦炭挥发份的操作

1. 操作准备

（1）箱形电炉（马弗炉）

箱形电炉（马弗炉）带有调温控制装置、热电偶和高温表，最高工作升温为 1 000℃，炉后壁有一个排气孔和一个插热电偶的小孔，后一个小孔的位置应使热电偶的热接点在炉膛内，能保持距炉底 20～30 mm。炉膛的恒温区应该在（900±5)℃之内，此恒温区是关闭炉门时用热电偶测定的。

（2）挥发份瓷坩埚

测定煤挥发份的专用瓷坩埚如图 6—7 所示，瓷坩埚质量为 15～19 g。

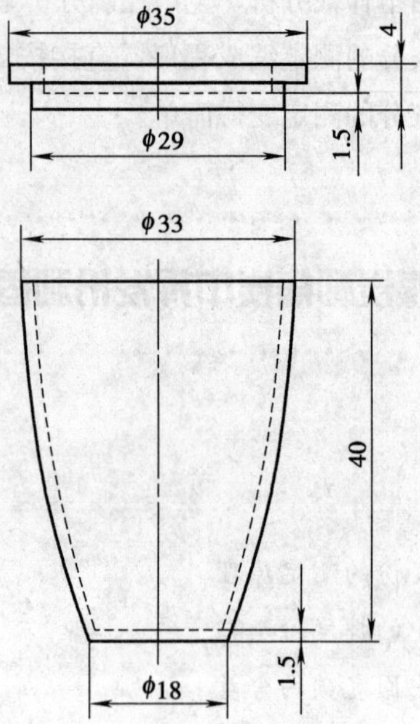

图 6—7　测定煤挥发份的专用瓷坩埚

（3）坩埚架

坩埚架用镍铬丝制成，其大小能放入箱形电炉中，且能使坩埚处于恒温区，并要求放在架上的坩埚的底部，距炉底 20～30 mm，其结构如图 6—8 所示。

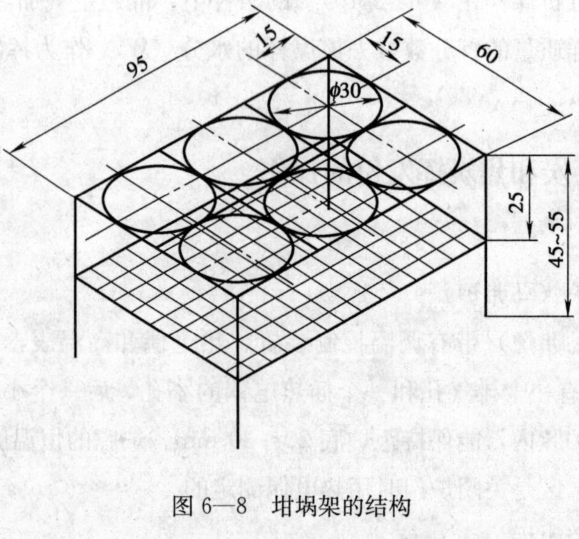

图 6—8　坩埚架的结构

（4）压饼机

螺旋式或杠杆式压饼机，可以用发热量测定仪上的压饼机代用，如图 6—9 所示，所压制煤饼直径约 10 mm。

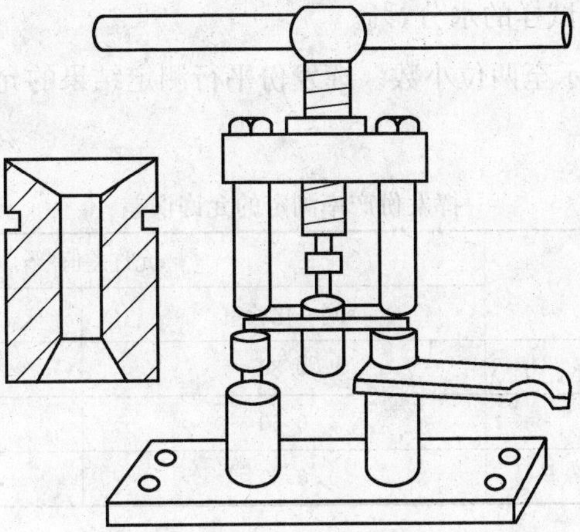

图 6—9　压饼机

（5）其他仪器

分析天平（精确到 0.000 2 g）、托盘天平、秒表、坩埚架夹、干燥器等。

2. 操作步骤

（1）称样

1）预先将带盖的挥发份瓷坩埚放在马弗炉中，于 900℃灼烧至恒量。

2）在分析天平上，向瓷坩埚中称取分析煤样（1±0.1）g（精确至 0.000 2 g）。褐煤和长焰煤应预先压饼，并切成约 3 mm 小块后再用。

3）轻轻晃动坩埚，铺平试样。盖上坩埚盖，将坩埚放在坩埚架上。

（2）灼烧

1）将箱形电炉（马弗炉）预先升温至约 920℃，打开炉门，迅速将放有坩埚的坩埚架送入炉内恒温区。

2）关闭炉门，将坩埚在 900℃加热 7 min。

3）从炉中取出坩埚，在空气中自然冷却 5～6 min，移入干燥器中，冷却至室温（约 30 min），称量。

（3）计算

煤样的挥发份产率按下式计算：

$$V^{f}=\frac{m-m_{1}}{m}\times 100\%-W^{f}$$

式中 V^f——分析煤试样的挥发份产率,％；

m——分析煤试样的质量，g；

m_1——分析煤试样残留物的质量，g；

W^f——分析煤试样的水分,％。

所得分析结果表示至两位小数。挥发份平行测定结果的允许差值，不得超过表6—3的规定。

表 **6—3** 挥发份产率测定的允许误差

V^f/％	允许差值/％	
	同一化验室	不同化验室
＜20	0.30	0.50
20～40	0.50	1.0
＞40	0.80	1.5

3. 注意事项

(1) 当打开炉门送入坩埚时，炉温会有所下降，要求在 3 min 内将炉温恢复到(900±10)℃，并继续保持此温度到试验结束，否则，此试验作废。

(2) 煤的挥发份测定是规范性很强的试验，影响其分析结果的主要因素是加热温度和时间、试样质量、坩埚的材料和厚薄、坩埚架的大小和材料。因此，测定时应严格遵守有关规定。

(3) 试验过程中不能掀开坩埚盖，以防焦砟被氧化而造成测定误差。

(4) 智能化马弗炉将挥发份的测定编入程序，只需按挥发份启动键，便可自动进入测试程序，让挥发份的测试更简单。

三、煤炭和焦炭中固定碳的计算

煤的固定碳是从测定煤的挥发份后的残渣中减去灰分后的残留物。它是燃烧放热的主要成分，是评价煤质及其工业用途的依据之一。

煤的固定碳一般是由计算法求得的，以 C^f_{GD}表示分析煤试样的固定碳，则计算公式为：

$$C^f_{GD}=100\%-(W^f+A^f+V^f)$$

式中 W^f——分析煤样的水分含量,％；

A^f——分析煤样的灰分产率,％；

V^f——分析煤样的挥发份产率,％。

四、固体燃料组分的表示基准及其换算

为了满足生产实际的需求，往往需要将分析煤样的工业分析结果分别换算为应用基煤、干燥基煤、干燥无灰基煤的相应数据。

在煤的工业分析中，以使用状态的煤为基准的表示方法称为应用基，上标以符号 y 表示；以空气干燥状态的煤为基准的表示方法，称为分析基，上标以符号 f 表示；以无水分状态的煤为基准的表示方法称为干燥基，上标以符号 g 表示；以假想的干燥无灰状态的煤为基准的表示方法称为可燃基，上标以符号 r 表示。

如果以 X 代表组分的含量，由煤的分析基测定结果换算为应用基、干燥基、干燥无灰基的相应数据时，换算式如下：

$$X^{y}=X^{f}\ \frac{100-W_{Q}}{100-W^{f}}$$

$$X^{g}=X^{f}\times\frac{100}{100-W^{f}}$$

$$X^{r}=X^{f}\times\frac{100}{100-W^{f}-A^{f}}$$

式中 W_{Q}——煤样的全水分；

W^{f}——煤样的分析水分。

以各状态煤的固定碳换算为例：

$$C_{GD}^{y}=C_{GD}^{f}\times\frac{100-W_{Q}}{100-W^{f}}$$

式中 C_{GD}^{y}——应用基状态下的固定碳；

C_{GD}^{f}——分析基状态下的固定碳。

应用基状态下的固定碳指标是最有价值的指标。

煤的组成如图 6—10 所示。

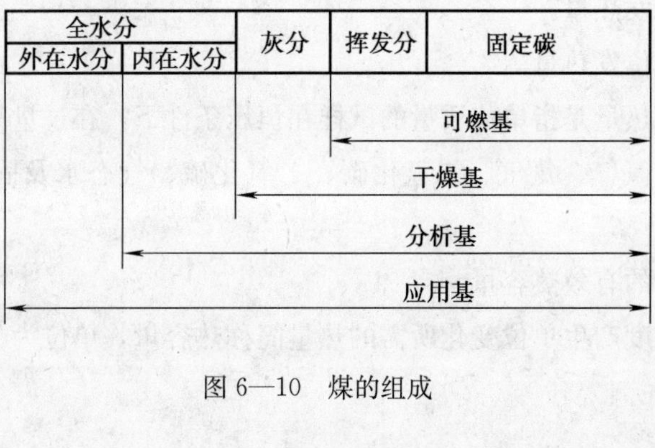

图 6—10 煤的组成

学习单元4　测定煤炭和焦炭的热值

学习目标

➢ 掌握固体燃料热值的测定原理

➢ 能测定煤炭和焦炭的热值

一、固体燃料热值的测定原理

1. 与固体燃料热值相关的定义

（1）弹筒发热量

弹筒发热量是指单位质量的试样在充有过量氧气的氧弹内燃烧，其燃烧产物的组成为氧气、氮气、二氧化碳、硝酸和硫酸、液态水及固态灰时放出的热量。

（2）恒容高位发热量

恒容高位发热量是指单位质量的试样在充有过量氧气的氧弹内燃烧，其燃烧产物的组成为氧气、氮气、二氧化碳、二氧化硫、液态水以及固态灰时放出的热量。

恒容高位发热量即由弹筒发热量减去硝酸生成热和硫酸校正热后得到的发热量。

（3）恒容低位发热量

恒容低位发热量是指单位质量的试样在恒容条件下，在过量氧气中燃烧，其燃烧产物的组成为氧气、氮气、二氧化硫、气态水以及固态灰时放出的热量。

恒容低位发热量即由高位发热量减去水（煤中原有的水和煤中氢燃烧生成的水）的气化热的发热量。

（4）恒压低位发热量

恒压低位发热量是指单位质量的试样在恒压条件下，在过量氧气中燃烧，其燃烧产物的组成为氧气、氮气、二氧化碳、二氧化硫、气态水及固态灰时放出的热量。

（5）热量计的有效热容量

量热系统温度产生单位变化所需的热量简称热容量，单位为J/K，即焦耳每开尔文。

2. 煤的热值测定原理

煤的发热量在氧弹热量计中进行测定。一定量的分析试样在氧弹热量计中，在充有过量氧气的氧弹内燃烧，根据试样燃烧前后量热系统产生的温度升高，并对点火热等附加热进行校正后，即可求得试样的弹筒发热量。

氧弹热量计的热容量通过在相近条件下，燃烧一定量的基准量热物苯甲酸来确定。

煤样的高位发热量即恒容高位发热量，可从弹筒发热量扣除硝酸生成热和硫酸校正热（硫酸与二氧化硫形成热之差）获得。

煤样的低位发热量即恒压低位发热量，可通过分析煤样的高位发热量计算获得。计算恒容低位发热量需要知道煤样中水分和氢的含量。原则上计算恒压低位发热量还需要知道煤样中氧和氮的含量。

3. 热量的单位

热量的单位为焦耳（J）。

1 焦耳（J）＝1 牛顿（N）×1 米（m）＝1 牛·米（N·m）

发热量测定结果以兆焦每千克（MJ/kg）或焦耳每克（J/g）表示。

二、热量计（量热仪）

热量计是由燃烧氧弹（见图 6—11）、内筒、外筒、搅拌器、温度传感器和试样点火装置、温度测量和控制系统以及水构成的。

下面以 SDACM 系列自动量热仪为例介绍量热仪的基本结构和测量原理。

1. 仪器组成

SDACM 系列自动量热仪主要由 SDACM－3000 自动桶、SD－YD 氧弹、SD－CYQ 自动充氧器、SD 测控接口、SD 测控软件、计算机、打印机等组成。SDACM 自动量热仪外观如图 6—12 所示。

2. 工作原理

固体燃料试样在氧弹中燃烧，释放出的热量被量热体系（包括浸没氧弹的水、氧弹、搅拌器、在水中的那部分温度计及盛水用的内筒等）所吸收，依据量热体系的热容量和水的温升值，按下式计算燃料试样的发热量：

$$Q_b = E\frac{t_n - t_0}{m}$$

式中　Q_b——燃料试样的弹筒发热量，J/g；

m——试样的质量，g；

$t_n - t_0$——温升值，℃；

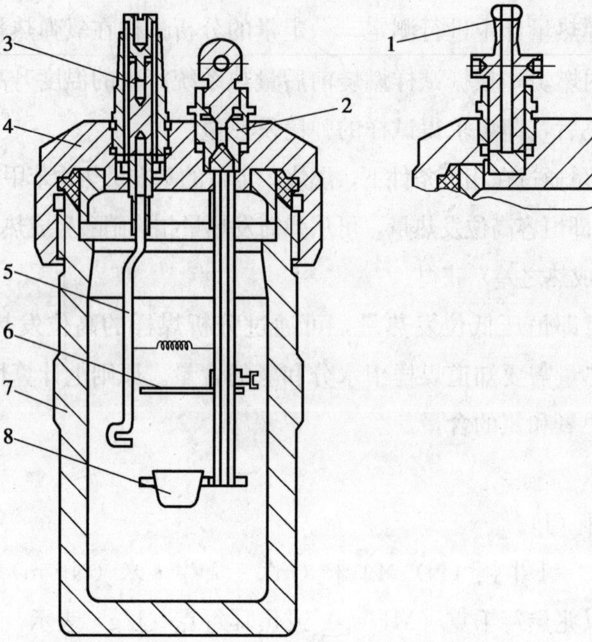

图 6—11　氧弹内部构造

1—排气阀　2—进气阀　3—电极座　4—弹帽　5—电极
6—火焰罩　7—弹筒　8—坩埚

图 6—12　SDACM 自动量热仪外观

E——量热体系的热容量，J/℃。

启动计算机，进入实验测控系统，当实验准备就绪（氧弹已接好，试验参数输入）后，系统自动完成内桶水量的称取和水温的调节，自动进入实验状态。经过测温探头及测控电路准确地采集温度数据，按程序约定，自动完成整个实验过程，并自动计算、打印、保存测试结果。在测试过程中，若系统某部分运行或工作不正常，则在屏幕上有相应的明确提示，以便用户进行简单维护。

3. 仪器热容量的标定方法和基本原理

量热体系的热容量一般用国际公认的苯甲酸量热标准物质标定。取一定量的苯甲酸，按与测定燃料发热量操作一样的步骤，使苯甲酸在氧弹内燃烧，根据量热体系的温升值，按下式计算量热仪的热容量：

$$E=\frac{Q_{ba}\cdot m_{ba}}{t_n-t_0}$$

式中　Q_{ba}——苯甲酸的发热量，J/g，一般在 26 460 J/g；

m_{ba}——苯甲酸量热标准物的质量，g；

t_n-t_0——标定时的温升值，℃，一般仪器将自动计算，并将 5 次以上的计算结果取平均值作为仪器的热容量值。

三、测定煤炭和焦炭热值的操作

1. 操作准备

（1）准备仪器

仪器包括自动热量计和分析天平。

1）自动量热仪的硬件和软件经专业人员安装、调试，并按要求注入规定量的常温蒸馏水。

2）自动量热仪配备的称样坩埚要预先经过清洗、烘干、冷却后使用。

3）自动量热仪的仪器热容量应严格按标准，在与测试条件相近的条件下进行测定，并将测定结果输入量热仪作为恒定参数。仪器热容量一般一个季度重新标定一次，当温度、测试环境发生变化时，应重新标定热容量。

（2）准备试剂

1）氧气：符合 GB 3863 的规定，O_2 浓度达到 99.5%，不含可燃成分，不允许使用电解氧。

2）苯甲酸：基准量热物质，分析纯以上级，经权威计量机关检定或授权检定，并标明标准热值。

3）点火丝：直径为 0.1 mm 左右的铂丝、铜丝、镍丝或其他已知热值的金属丝或棉线。如使用白棉线，应使用粗细均匀、不涂蜡的白棉线。各种点火丝的放热量见表 6—4。

表 6—4　　各种点火丝的放热量

点火丝材料	铁丝	镍铬丝	铜丝	棉线
放热量/（J/g）	6 700	6 000	2 500	17 500

（3）准备试样

待测固体样品应破碎至粒度小于 0.2 mm，并预先处理成空气干燥煤样。

2. 操作步骤

现以 SDACM－3000 自动量热仪为例，介绍煤炭发热量的测试步骤。

（1）安装氧弹

1）在分析天平上精确称取 0.5 g（精确至 0.000 2 g）空气干燥基煤样，放在已称重的氧弹专用坩埚内。

2）将坩埚置于氧弹的坩埚支架上。

3）取一根点火丝（铜丝），两端夹入点火丝压环内，中间部分弯向煤样品。要尽量接近煤样，但不能接触煤样。

4）试样及点火丝装好后，平稳地将氧弹芯放入装有 10 mL 蒸馏水的氧弹内，旋紧氧弹盖，并且平稳放到充氧器上充氧，充氧时间为 30～45 s，压力要求为 2.8～3 MPa（低压表表示）。充足氧气后，缓慢松开手柄，取出氧弹。

（2）输入原始数据

1）启动 SDACM－3000 自动量热仪测控软件，待系统初始化完成后，快捷按钮栏的“一桶”“二桶”“三桶”将会进入有效状态。

2）将氧弹放入内桶内。点击“发热量测试”，在提示窗口的指引下，输入试样质量、点火丝热值（仪器已固定保留）、添加物热值（缺省值为 OT），必须强调的是：在这里输入的任何数据都不能出错，因为它将影响实验的结果和处理过程。

（3）开始测量

1）在确认输入正确的情况下，单击“开始实验”按钮。系统便进入测试状态。整个实验过程的状态包括实验就绪、内桶正在进水、内桶水温正在平衡、点火、实验主期正在进行、实验正在复位共 6 个状态。这些状态都依次显示在窗体的“实验状态”栏中。整个实验过程需要 17 min。窗体中间的进程条直观地提示实验已进行了多久，大约还有多长时间才结束。

2）实验结束时，系统将自动提示，自动显示测量结果，并保存在发热量数据库中。

3. 注意事项

（1）进行发热量测试的试验室，应为单独房间，不得在同一房间内同时进行其他试验项目；试验室最好朝北，以避免阳光照射。热量计应放在不受阳光直射的地方。室温应保持相对稳定，以不超过 5～30℃为宜；室内应无强烈的空气对流，不应有强烈的热源、冷源和风扇等。试验过程中应避免开启门窗。

（2）热量计的精密度要求为：5 次苯甲酸测试结果的相对标准差不大于 0.2%，准确度要求为：标准煤样测试结果与标准值之差都在误差范围内，或者用苯甲酸作为样品进行 5 次发热量测定，其平均值与标准值之差不超过 50 J/g。除燃烧不完全的结果外，所有的测试结果不能随意舍弃。

（3）使用充氧器与氧气瓶时，应严格遵守其安全操作规范，严禁烟火。

第 2 节　液体燃料的分析

学习单元 1　测定重油和煤焦油的水分

学习目标

- 掌握液体燃料水分的测定原理
- 能测定重油和煤焦油中的水分

一、液体燃料水分的测定原理

玻璃工业用的液体燃料主要包括石油及其加工产品和焦油，其中用得最多、最重要的液体燃料是重油。重油是石油炼制过程中提出汽油、煤油和柴油后的液态残余物，又称渣油，是一种极黏稠的黑褐色液体，主要成分是多种碳氢化合物，平均含碳量 85%～87%，含氢量 11%～13%，还含有一些硫、水分及其他杂质，发热值约 39 800～44 000 kJ/kg。

常温下，重油中的水分常与油体交融在一起，分不出油层和水层。但随着油温的升高，油层和水层会部分分离，油层较轻在上面，水层较重在下面。通常用加热的方法使油罐里的重油脱水，但煤焦油中的水分却很难采用加热的方法脱水，因为煤焦油的密度和水的密度相近，或比水的密度大。

测定重油和煤焦油中的水分含量时，常常在油样品中加入无水溶剂，蒸馏后测定油样中的水分含量并以质量百分数表示。加入无水溶剂有两个作用：一是降低试样油的黏度，免除含水油品沸腾时所引起的冲击和起泡现象，便于将水蒸出；二是溶剂蒸馏后不断回流到烧瓶内，可以使水、溶剂、油品混合物的沸点不升高，防止过热现象发生，便于将水全部携带出来。

二、测定重油和煤焦油水分的操作

1. 操作准备

（1）准备仪器

1）水分测定仪器。

2）200 mL 圆底玻璃烧瓶。

3）500 mL 容量瓶。

4）接收器 2 个：在 0.3 mL 以下设有 10 等分的刻线；在 0.3～1.0 mL 之间设有 7 等分的刻线；在 1.0～10 mL 之间每分度为 0.2 mL。

5）直管式冷凝管 3 个：长度为 250～300 mL。

6）托盘天平：200 g。

7）100 mL 量筒。

（2）准备试剂及材料

1）工业溶剂油或直馏汽油在 80℃以上的馏分，应脱除水分并过滤除去固体杂质。

2）无釉瓷片、浮石或一端封闭的玻璃毛细管，使用前必须经过烘干。

3）甲苯或二甲苯。

（3）安装水分测定装置

将水分测定仪器按图 6—4 装好，各部分可以用磨口塞或软木塞连接。

（4）洗涤、烘干玻璃仪器

将测定所使用的量筒等试验材料，进行洗涤和烘干，避免引入水分，造成误差。

2. 操作步骤

（1）绘制回收曲线

方法同本章第 1 节学习单元 1 中褐煤水分的测定（有机溶剂蒸馏法）中回收曲线的绘制。

（2）测定样品中水分

1）在托盘天平上称取约 100 g 油试样，精确至 0.1 g，置于 200 mL 圆底烧瓶中。

2）加入 100 mL 工业溶剂油（或直馏汽油在 80℃以上的馏分）和数粒无釉瓷片，混匀。

3）按本章第 1 节学习单元 1 测定褐煤水分（有机溶剂蒸馏法）的方法蒸馏。

4）蒸馏接近完毕时，如果冷凝管内壁沾有水滴，将在短时间内急剧升温，使圆底烧瓶内的混合物剧烈沸腾，这时要用大量的工业溶剂油将水滴冲洗入接收器中。

5）当接收器内下层水的体积不再增加，上层溶剂完全透明时，应停止加热，回流时间不超过 1 h。

6）停止加热后，如果冷凝管内壁上仍有水滴，可以从冷凝管上端倾入工业溶剂油，将水滴冲洗入接收器内。如果冲洗法无效，可再用干燥的金属丝或细玻璃管带有橡皮（或塑料）头的一端，将水滴刮进接收器中。

如果接收器中的溶剂呈混浊状态，下层水的体积不超过 0.3 mL 时，将接收器放入热水中，浸泡 20～30 min，待溶剂层澄清后，再冷却至室温，读取下层水的体积。

（3）计算水分含量

根据接收器中馏水的体积，可在回收曲线上查得对应的水量。

油样中水分含量按下式计算：

$$\text{水分}\% = \frac{m_1}{m} \times 100\%$$

式中　m_1——由水回收曲线查得的水量，g；

m——油试样的质量，g。

为了简化计算，将室温下水的密度视作 1 g/cm^3，则水的毫升数即是其克数。

3. 注意事项

（1）试样必须具有代表性，黏稠的试样应预热至 40～50℃后再量取，测定前要混合均匀。

（2）溶剂必须脱水，仪器必须干燥。

（3）蒸馏前往烧瓶投入数粒无釉瓷片，其目的是使瓶中液体热至沸腾时能形成许多细小的空气泡，保证液体均匀沸腾，不致发生暴沸。

（4）蒸馏含水量多的试样时，不能加热太快，否则有可能产生强烈的沸腾现象，造成冲油，引起火灾。

（5）加热过猛或塞子漏气使部分蒸汽不经冷凝而溢出时，试验必须重做。

（6）试样的水分含量大于 10%时，应酌情减少试样的取用量，以免蒸出的水超过 10 mL，但试样的取用量也不能太少，否则会降低试样的代表性，影响测定结果的准确性。

学习单元2　测定重油和煤焦油的黏度

学习目标

➢ 了解液体燃料黏度的意义和测定原理

➢ 能测定重油和煤焦油的恩氏黏度

一、黏度的概念

液体的黏度是对相邻液体层以不同速度运动时所存在的内摩擦力的一种度量。黏度分为绝对黏度和相对黏度。绝对黏度有动力黏度和运动黏度两种表示方法。

1. 动力黏度

动力黏度是指当单位面积为 S 的两平行液层以一定速度梯度（$\frac{dv}{dx}$）移动时所产生的摩擦力 f，可用下式表示它们之间的关系：

$$f = \eta S \frac{dv}{dx}$$

式中　η——称为熔体的黏度或动力黏度系数。

黏度系数 η 俗称（或简称）为黏度，当 $S=1$、$\frac{dv}{dx}=1$ 时，黏度 η 值相当于两平行液层的内摩擦力 f。在 CGS 制中，黏度的单位为 g/（cm・s），称泊（P），在新国际单位制（SI）中称为帕斯卡・秒（Pa・s）。它们的换算关系如下：

$$1\ \text{Pa}\cdot\text{s} = 10^5\ \text{dyn}\cdot\text{s}\times10^{-4}\ \text{cm}^2 = 10\ \text{P}$$

2. 运动黏度

运动黏度是液体的动力黏度与同温度下该液体的密度 ρ 之比，用符号 γ 表示，单位是平方米每秒（m^2/s）。

3. 相对黏度

相对黏度是某液体黏度与标准液体黏度之比，无量纲。

4. 恩氏黏度

液体燃料重油、煤焦油的黏度除了符合以上定义以外，用恩氏黏度来表示更有实际意义。恩氏黏度属于相对黏度的范畴。恩氏黏度是指试样油在某温度时，从恩氏黏度计中流出 200 mL 所需的时间与在 20℃时，流出相同体积蒸馏水所需的时间（即黏度计的水值）之比。液体燃料在温度 t 时的恩氏黏度用符号 E_t 表示，恩氏黏度的单位为条件度（无量纲）。在玻璃工业生产中较常用的是液体燃料的恩氏黏度。

二、液体燃料黏度的测定原理

按照黏度的定义，测定黏度时，通常要测定一定体积的液体流经一定长度且垂直的毛细管所需的时间，然后根据泊塞尔（Poiseuille）公式计算其黏度：

$$\eta=\frac{\pi p r^4 t}{8Vl}$$

式中 V——在时间 t 内流经毛细管的液体体积；

p——管两端的压力差；

r——毛细管半径；

l——毛细管长度。

按照这个公式，由实验测定液体的绝对黏度是比较困难的，通常采用测定液体对标准液体（如水）的相对黏度，已知标准液体的黏度就可以算出待测液体的绝对黏度。

重油和煤焦油的恩氏黏度是由恩氏黏度计测定的，测定流出 200 mL 油样和流出 200 mL 标准水的时间比，作为衡量液体油样黏度大小的指标。

三、石油产品恩氏黏度计

1. 石油产品恩氏黏度计的结构

以如图 6—13 所示的 SYP1004－Ⅲ型恩氏黏度计为例进行介绍。

2. 主要性能及技术参数

（1）仪器在标准状况下试验时，其水值为（51±1）s。

（2）内浴控温范围：0～100℃，恒温精度为±0.2℃。

（3）恩氏黏度计符合 GB/T 266—1988 标准。

（4）电加热器功率：500 W。

（5）仪器绝缘电阻大于 2 MΩ。

（6）接受瓶：如图 6—14 所示。

四、测定重油和煤焦油恩氏黏度的操作

1. 操作准备

（1）准备试样

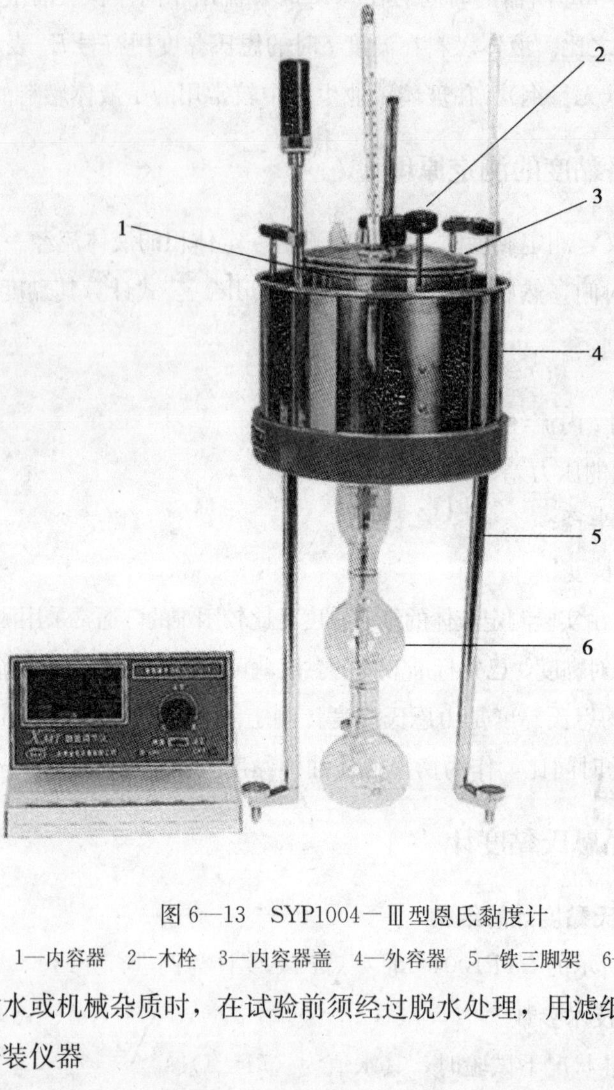

图 6—13　SYP1004－Ⅲ型恩氏黏度计

1—内容器　2—木栓　3—内容器盖　4—外容器　5—铁三脚架　6—接收瓶

试样含水或机械杂质时，在试验前须经过脱水处理，用滤纸滤去机械杂质。

（2）安装仪器

仔细阅读试验仪器说明书，按要求安装好仪器，并检查电源、电压、频率是否正常。

（3）清洁黏度计

在测定试样的黏度之前，必须将黏度计用溶剂油或石油醚洗涤。如果黏度计有污垢，要用铬酸洗液、水、蒸馏水或 95% 乙醇溶液依次洗涤，然后放入烘箱中烘干或用通过棉花滤过的热空气吹干。

（4）测定黏度计的水值

在使用恩氏黏度测定试样之前，首先要测定黏度计的水值。恩氏黏度计的水值是蒸馏水在 20℃时从黏度计流出 200 mL 所需的时间。

1）将洁净的木栓插入流出孔中，并将新蒸馏的蒸馏水（20℃）注入内容器中，到水面稍高于内容器的三个尖钉顶端为止。

2）往外容器注入同温度的水，至内容器的扩大处。

3）调整三脚架螺钉并同时稍提起木栓，使水面恰与内容器中的三个尖钉顶端都处在同一水平面上，并使流出孔底端悬着一滴水珠。内容器和外容器中的水都要充分搅拌。内容器中的水是借旋转盖上的温度计来搅拌的，外容器中的水是以容器中的叶片搅拌器来搅拌的。

4）当内外容器的水温为 20℃（在 5 min 内温度差值不超过±0.2℃）时，迅速提起木栓，同时开动秒表，观察水流至接受瓶 200 mL 环形标线时，立即停止秒表，记下时间。然后重复测定。当四次测定结果与其算术平均值的差值不大于0.5 s时，则取其平均值，作为第一次测定的平均流出时间。

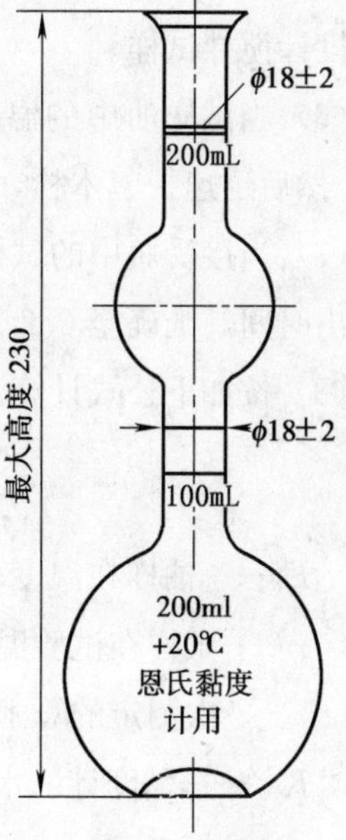

图 6—14　接受瓶

以同样要求进行第二次平行测定。如果两次平行测定的平均值之差不大于0.5 s时，则取两次平行测定的算术平均值作为水值（K_{20}）。标准黏度计的水值应等于（51±1）s。如果水值不在此范围内，该仪器不能使用。

2. 操作步骤

（1）用滤过的清洁溶剂油仔细洗涤黏度计的内容器及其流出管，然后用空气吹干，禁止擦拭内容器，只允许用剪齐边缘的滤纸吸去剩下的液滴。

（2）将预先加热到稍高于规定温度的试样油注入容器中，注入的油面稍高于尖钉的尖端，且试样油中不应产生气泡。

（3）在黏度计的外容器中注入润滑油（测定温度在 80～100℃时）。测定重油 120℃的黏度时，外容器中注入丙三醇和液体石蜡的 1∶3 的混合物。

（4）打开温度控制器开关，外容器溶液开始加热，应将液体预热到稍高于规定温度。内容器试样的温度应恒定在规定温度±0.2℃，保持 5 min。此时可以用搅拌器搅拌外容器中的液体，并随时调节电加热装置，使外容器中液体恒定在规定温度±0.2℃。

（5）经过上步操作，在温度调节满足条件以后，给黏度计加上盖。在黏度计的流出孔下面放置洁净干燥的接受瓶。然后绕着木栓小心地旋转插有温度计的盖，利用温度计搅拌试样。

（6）当试样油中的温度计恰好达到规定温度时，再保持 5 min（不再进行搅拌），然后迅速提起木栓，同时开动秒表。

（7）当接受瓶中的试样正好达到 200 mL 标线时，立即停止秒表，并读出试样的流出时间，准确至 0.2 s。

（8）按如下公式计算油样在温度 t 时的恩氏黏度：

$$E_t=\frac{\tau}{K_{20}}$$

式中 E_t——油样在温度 t 时的恩氏黏度；

τ——试样在试验温度 t 时，从黏度计中流出 200 mL 所需的时间，s，取各次测定的算术平均值；

K_{20}——黏度计的水值。

3. 注意事项

（1）测定油品的黏度时，应该按仪器说明书的要求，在仪器所适用的工作条件下进行试验。

（2）根据试样的温度选用适当的黏度计，使试样油的流动时间在（300±180）s 范围内。

（3）用秒表记录油的流动时间时，应重复测定至少 4 次，并且各次流动时间与其算术平均值的差数应少于±0.5%。

学习单元 3　测定重油和煤焦油的热值

学习目标

- 掌握液体燃料热值的测定原理
- 能测定重油和煤焦油的热值

一、液体燃料热值的测定原理

测定液体燃料发热量的基本原理和固体燃料发热量的基本原理相同。

取一定量的试样油，置于充有过量氧气的氧弹中燃烧，用一定量的水吸收释放出的热量，同时准确测定水的温升值，然后根据预先确定的量热体系的热容量和水的温升值，由以下公式计算试样油的热值：

$$Q_b=\frac{E\ (t_n-t_0)}{m}$$

式中　Q_b——燃烧试样油的弹筒发热量，J/g；

m——燃烧试样油的质量，g；

E——量热体的热容量，J/K（或 J/℃）；

t_n、t_0——分别为量热体系在试样开始燃烧时的温度和量热体系在试样完全燃烧后达到的最高温度，℃。

二、测定重油和煤焦油热值所需仪器和试剂

重油和煤焦油热值测定所需仪器和试剂同固体燃料煤的热值测定所需仪器和试剂相同。主要测量仪器除了传统的恒温式量热计外，还有自动量热计。以 SDACM—3000 精英自动量热仪为例，在本章第 1 节学习单元 4 中已详细介绍，在此不再重复，仅对自动热量计的性能提出两点基本要求。

1. 精密度

用具应由准确量值的标准苯甲酸进行 5 次或 5 次以上的热容量标定。其热容量相对标准差不大于 0.02%。热容量标定最好在 2～3 天内进行。

2. 准确度

用具应由准确量值的不同发热量的 GB 煤样进行发热值测定，每一煤样重复测定 3 次，其测定值与 GB 煤样的标准发热量值之差必须在误差范围内；或将标准苯甲酸作为样品进行 5 次或 5 次以上发热量的测定，其平均值与标准值之差不超过 50 J。凡能达到上述性能要求的自动热量计均可使用，但对一些特殊的自动热量计，还需视情况缩短热容量标定周期。

三、测定重油和煤焦油热值的操作

1. 操作准备

油样的准备与固体燃料样品的准备有所不同。重油和煤焦油都属于重质油的范畴，测量其发热量时，可直接放在已知质量的燃烧皿中称量。将油样在 40～50℃下预热，充分混合后称取。称样量一般为 0.5～0.7 g。

量热器和称量器皿的准备同本章第 1 节学习单元 4。

2. 操作步骤

以 SDACM－3000 精英自动量热仪为例，说明重油和煤焦油热值测定的步骤。

（1）启动测试系统。

（2）准备试样，并按要求称样。装氧弹、充氧，并将氧弹放入桶内。

（3）输入数据，包括试样质量、点火丝热值、添加物热值等。

（4）当试样参数数据输入完毕后，系统开始进入测试状态，自动搅拌、自动点火、自动计算、自动保存测试结果。

整个实验状态包括实验就绪、内桶正在进水、内桶水温正在平衡、点火、实验主期正在进行、实验正在复位六个状态。

3. 注意事项

（1）水分对热值的测定影响较大。测定重油或煤焦油热值时，一般应先将重油脱水，再测定其热值；煤焦油脱水困难，一般不进行脱水操作。但优质的煤焦油一般含水量很少或不含水分。

（2）量热计的使用注意事项同本章第 1 节学习单元 4。

学习单元 4　测定重油和煤焦油的灰分

学习目标

➢ 掌握液体燃料灰分的测定原理

➢ 能测定重油和煤焦油的灰分

一、液体燃料灰分的测定原理

用定量（无灰）滤纸作引火心，点燃放在一个适当容器中的试样，使其燃烧到只剩下灰分和残留的碳，碳质残留物在 775℃马弗炉中灼烧成灰分，然后冷却并称重。根据下式可计算出试样灰分的百分含量：

$$X\% = \frac{G_1}{G} \times 100\%$$

式中　$X\%$——试样灰分百分含量；

G_1——灰分的质量，g；

G——试样的质量，g。

二、测定重油和煤焦油灰分的操作

1. 操作准备

(1) 准备仪器

1) 50 mL 瓷坩埚（或 90～120 mL 瓷蒸发皿）。使用至其里面的釉质损坏为止。

2) 低温电炉。

3) 马弗炉，热电偶从炉后壁的孔中插入，测温点置于炉膛中心。

4) 干燥器。

5) 分析天平。

(2) 准备材料和试剂

直径 9 cm 定量滤纸，1∶4HCl 溶液。

(3) 处理瓷坩埚（或瓷蒸发皿）

将 1∶4HCl 溶液注入瓷坩埚（或瓷蒸发皿）内煮沸几分钟，用蒸馏水洗涤。烘干后放在马弗炉中于 (775±25)℃下煅烧至少 10 min。取出在空气中冷却 3 min，移入干燥器中，冷却至室温后称量，准确至 0.000 1 g。重复进行煅烧、冷却、称量，直至连续两次称量数值不大于 0.000 5 g 为止。

(4) 准备试样

将取样瓶加热至 50～60℃（瓶中试样量不得多于瓶容积的 3/4），剧烈摇动瓶中油样，使之均匀。

2. 操作步骤

(1) 将试样装入已煅烧恒重的瓷坩埚中，所装试样的多少依试样灰分含量的大小而定，以所装试样能足以生成 20 mg 灰分为限，但最多不要超过 100 g。一般装样量在 25 g 左右。

(2) 将一张定量滤纸叠成两折，再卷成圆锥状，用剪刀把尖端部分剪去 5～10 mm。

(3) 把卷成圆锥状的滤纸（引火心）安稳地立插在坩埚内的油中，并将大部分试样表面盖住。

(4) 待引火心浸透试样后，点火燃烧。试样的燃烧应进行到获得干性碳化残渣时为止。燃烧时，火焰高度维持在 10 cm 左右。

(5) 试样燃烧完后，将盛有残渣的坩埚移入马弗炉中，逐渐升温至（775±

25)℃，在此温度下保持 90～130 min，直至将残渣完全灼烧成为灰烬。

(6) 将坩埚从马弗炉中取出，在空气中冷却 3 min，然后放入干燥器中冷却至室温后进行称量。再移入高温炉中煅烧 20～30 min，重复冷却、称量，直至两次称量的差值不大于 0.000 5 g 为止。

3. 注意事项

(1) 坩埚在干燥器中的冷却时间大约 45 min，并且从空坩埚煅烧后的冷却直至每次样品的冷却，时间都必须相同。

(2) 测定含水试样时，要先将装有试样和引火心的坩埚放在电热板上缓慢加热，使水分慢慢蒸发（不能有试样溅出），直至浸透试样的滤纸可以燃着为止。

(3) 对黏稠的试样，一边燃烧，一边要在电炉上加热。燃烧开始后，调整加热强度，要保持试样不至溅出，亦不从坩埚边缘溢出。

第 3 节　气体燃料的分析

学习单元 1　测定煤气和天然气的组成

学习目标

- 掌握测定煤气和天然气组成的原理
- 掌握吸收剂的配制方法
- 能测定煤气和天然气的组成

一、煤气和天然气组成的测定原理

工业气体燃料煤气和天然气组成的测定方法有吸收分析法和燃烧分析法两种，常常两种方法并用。

1. 吸收分析法的测定原理

吸收分析法是利用各种气体物质化学性质的不同，让气体试样与吸收剂接触，试样中被测组分和吸收剂发生化学反应而被定量吸收，而其他组分则不发生反应。在气体试样温度和压力不变的情况下，气体试样原体积与剩余气体体积之差值等于被测组分的体积，据此可计算被测组分的含量。

不同气体物质应选用不同的吸收剂，常用的吸收剂如下：

（1）CO_2

CO_2 为酸性气体，常用 33% KOH 作为吸收剂，吸收反应为：

$$CO_2+2KOH=K_2CO_3+H_2O$$

（2）O_2

O_2 为氧化剂气体，常用还原剂焦性没食子酸（又名邻苯酸酚，学名 1，2，3，三羟基苯）的碱性溶液为吸收剂，吸收反应为：

$$C_6H_3(OH)_3+3KOH=C_6H_3(OK)_3+3H_2O$$

$$2C_6H_3(OK)_3+1/2O_2=(KO)_3C_6H_2-C_6H_2(OK)_3+H_2O$$

六氧基联苯钾

（3）CO

CO 有还原性，常用氧化亚铜氨性溶液作吸收剂，吸收反应为：

$$2[Cu(NH_3)_2]Cl+2CO+2H_2O=2Cu+(NH_4)_2C_2O_4+2NH_4Cl$$

（4）不饱和烃

在气体分析中，用 C_nH_m 表示烯烃、炔烃苯及甲苯等不饱和烃，常用硫酸银一浓硫酸溶液作为吸收剂测定其总含量，在吸收反应中 Ag^+ 起催化作用，吸收反应为：

$$C_2H_4+2H_2SO_4=C_2H_5OSO_2OH$$

$$C_2H_2+2H_2SO_4=CH_3CH(OSO_2OH)_2$$

$$C_6H_6+H_2SO_4=C_6H_5SO_3H+H_2O$$

或者采用溴饱和 20% KBr 溶液吸收 C_nH_m，吸收反应为：

$$CH_2+Br_2=BrCH_2-CH_2Br$$

$$2CH+2Br_2=Br_2CH-CHBr_2$$

（5）N_2

N_2 在通常状态下是惰性气体，没有适当的液体吸收剂，一般用计算法求得。

2. 燃烧分析法的测定原理

燃烧分析法是利用被测组分气体能在空气中燃烧的特性，将气体试样与空气混合，燃烧，测量生成物的量和反应物的消耗量，即可计算被测组分的含量。

煤气的全分析项目如 CO_2、C_nH_m、O_2、CO、CH_4、H_2 及 N_2 等，前四项可用吸收法测定，CH_4 及 H_2 用燃烧法测定，剩余气体如 N_2 的体积可以用减差求得。

所以，测定气体燃料组成往往是吸收法和燃烧法并用。

气体燃料各组分适宜的测定方法见表 6—5。

表 6—5　　气体燃料各组分适宜的测定方法

测定方法	吸收剂名称	气体组分						
		N_2	CO	H_2	CO_2	CH_4	C_nH_m	O_2
吸收法	33%氢氧化钾溶液	—	—	—	+	—	—	—
	硫酸银－浓 H_2SO_4 溶液	—	—	—	—	—	+	—
	焦性没食子酸的碱性溶液	—	—	—	+	—	—	+
	氯化亚铜氨性溶液	—	+	—	+	—	+	+
燃烧法	—	—	+	+	+	+	+	+

注："+"号表示有吸收或干扰，"—"表示不吸收或不干扰。

根据表 6—5，可以排列吸收剂的顺序，以保证吸收剂仅有选择地吸收某一组分而不干扰其他组分的测定，从而准确测定煤气各组分的含量。

二、测定煤气和天然气组成所需仪器和试剂

1. QF－190 型奥式气体分析仪

QF－190 型奥式气体分析仪的结构如图 6—15 所示。

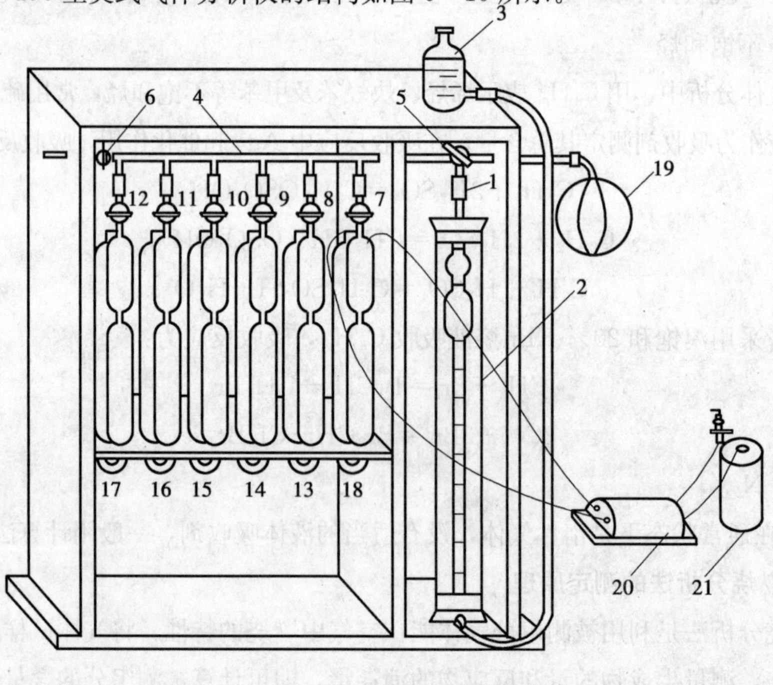

图 6—15　QF－190 型奥氏气体分析仪的结构

1—量气管　2—恒温水套管　3—水准瓶　4—梳形管　5—三通旋塞　6～12—二通旋塞
13～17—吸收瓶　18—爆炸瓶　19—球胆取样器　20—感应线圈　21—蓄电池

2. 球胆取样器

气体的取样用橡胶球胆取样器，如图 6—15 中 19 所示。

3. 试剂和材料

（1）33% KOH 溶液。

（2）$Ag_2SO_4-H_2SO_4$ 溶液：称取 2 g 硫酸银，溶解于 32 mL 水中，边搅拌，边缓慢加入 200 mL 浓硫酸。

（3）焦性没食子酸碱性溶液：称取 25 g 焦性没食子酸，溶解于 75 mL 水中，称取 200 g 氢氧化钾，溶解于 160 mL 水中。使用时将两种溶液合并，混匀。

（4）氯化亚铜氨性溶液：称取 50 g 氯化铵，溶解于 250 mL 水中，加入 40 g 氯化铜，迅速移入预先装有铜丝的瓶中，塞紧瓶塞。此溶液应无色。使用时加入 300 mL 氨水，混匀。

（5）封闭液：10% H_2SO_4 溶液（V/V）。

（6）液体石蜡或矿物油。

三、测定煤气和天然气组成的操作

1. 操作准备

（1）取样

气体燃料的取样用耐腐蚀的橡胶球胆。取样时，先用气体试样把球胆干洗至少 3 次，同时检查球胆的气密性，以免漏气。取样后迅速用止水夹夹紧球胆口部，以免漏气或有空气进入，污染气体试样。为了增加气体分析结果的代表性和可靠性，同一测点应重复多次取样，或同一截面选多个测点取样。将各次或各点所取试样充分混匀后测定，或分别测定后，取所得数值的算术平均值作为测定结果。

（2）连接气体分析仪

将气体分析仪的各组成部分洗涤干燥后，进行连接安装，并在旋塞接口处涂凡士林润滑油，保证各旋塞转动灵活且没有漏气。

（3）配制吸收液

配制所需浓度的吸收液和封闭液，并保存在感觉密闭的试剂瓶内。氨性氯化亚铜吸收液中需放入适量的铜丝，以防止 Cu^+ 的氧化。

2. 操作步骤

（1）注入吸收液

1）将吸收液注入吸收瓶，注意吸收瓶放置的顺序，要以吸收各组分的先后顺序排列。测定煤气组成时，吸收瓶的排列顺序一般是 CO_2 吸收瓶、不饱和烃吸收瓶、O_2 吸收瓶、CO 吸收瓶（2 个）。吸收剂的注入量应稍大于吸收瓶总容积的 1/2。

2）向各吸收瓶的承受部分注入 5～8 mL 液体石蜡和矿物油以隔绝空气。

3）分别往爆破瓶和水准瓶中注入水，注水量稍大于其总容积的 1/2。

（2）检查仪器是否漏气

检查仪器时，分别将各吸收瓶及爆破瓶、量气管的液面调节至液位标记线或零位。如果量气管内的液面只是稍微下降后即不再下降，爆破瓶和吸收瓶内的液面不下降，表明仪器不漏气，符合使用要求，如果液面不断下降，表明有漏气现象，应查明原因，排除故障。在仪器完好无损的情况下，应于旋塞接口处重新涂抹凡士林或重新连接。

（3）量取气体试样

1）调整吸收瓶、爆破瓶量气管内的液面至液位标记或零位，将充满气样的球胆接上气体分析仪，在量气管中吸入 20 mL 气体样品，然后将其排入大气。重复2～3次。

2）重新将量气管内的液面升至零位，使量气管吸收 100 mL 气体样品。吸入和排出的过程是靠举起和放低水准瓶时上升或下降时产生的压力实现的。

（4）吸收

1）将量气管内的 100 mL 气体样品全部驱入装有 33％KOH 溶液的吸收瓶内，吸收 CO_2。

2）将余气吸回量气管，重复吸收 5～6 次，静置 3～5 min。

3）测量余气体积，并记录。气体体积的差值就是气体样品中 CO_2 的含量（体积百分比）。

4）继续依次吸收 C_nH_m、O_2、CO 等。

（5）爆燃

1）放出多余气体，使量气管中残余气体恰为 25 mL。降低水准瓶，将空气吸入量气管，至量气管内的混合气体恰为 100 mL（空气先流经硅胶干燥管或石灰干燥管干燥）。

2）将混合气体全部驱入爆炸瓶中，关闭爆炸瓶上的二道旋塞，并用手指压紧。

3）接通电源，混合气体爆炸燃烧 3～5 min。

4）将余气吸收回量气管中，测量余气体积。

5）将余气压入装有 33％KOH 溶液的吸收瓶中，吸收燃烧生成的 CO_2，再次测量余气体积。

（6）计算气体组成

1）吸收气体的计算。只要在测量过程中维持测量气体的温度和压力不变，便可用以下公式直接用测量结果计算出各种气体的体积百分含量：

$$CO_2\% = \frac{V_0 - V_1}{V_0} \times 100\%$$

$$C_nH_m\% = \frac{V_1 - V_2}{V_0} \times 100\%$$

$$O_2\% = \frac{V_2 - V_3}{V_0} \times 100\%$$

$$CO\% = \frac{V_3 - V_4}{V_0} \times 100\%$$

2）燃烧气体的计算。燃烧部分的气体体积可用以下方法计算：

①CH_4 含量。由吸收余气中分出 25 mL，加空气燃烧生成 CO_2。因为等体积的 CH_4 燃烧后生成等体积的 CO_2，所以有：

$$CH_4\% = \frac{(V_5 - V_6) \times \frac{V_4}{25}}{V_0} \times 100\%$$

②H_2 含量。H_2 在灼烧测定过程中的转换关系比较复杂，首先考虑体积缩减，由燃烧原理知：

$$V_{缩} = \frac{3}{2}V_{H_2} + 2V_{CH_4}$$

所以：$V_{H_2} = \frac{2}{3}(V_{缩} - 2V_{CH_4}) = \frac{2}{3}(V_{缩} - 2V_{生CO_2})$

其中：$V_{缩} = 100 - V_5 \quad V_{生CO_2} = V_5 - V_6$

代入上式有：

$$V_{H_2} = \frac{2}{3}[100 - V_5 - 2(V_5 - V_6)]$$

因为燃烧时所取气体体积为吸收余气 V_4 中的 25 mL，所以有：

$$H_2\% = \frac{[100 - V_5 - (V_5 - V_6)] \times \frac{2}{3} \times \frac{V_4}{25}}{V_0} \times 100\%$$

式中　V_0——气体试样的原始体积，mL；

V_1——吸收 CO_2 后余气气体体积，mL；

V_2——吸收 C_nH_m 后余气气体体积，mL；

V_3——吸收 O_2 后余气气体体积，mL；

V_4——吸收 CO 后余气气体体积，mL；

V_5——爆炸燃烧后余气体积，mL；

V_6——吸收生成物 CO_2 后余气气体体积，mL。

③N_2 含量。按如下公式计算 N_2 含量：

$$N_2\% = 100\% - (CO_2 + C_nH_m + O_2 + CO + CH_4 + H_2)\%$$

以上步骤是采用吸收法和爆燃法测定煤气中各成分的操作步骤。该操作方法经济实用，很长时间以来被广泛采用。奥式气体分析仪也是最经典的仪器，操作方法简单易懂。但是，随着分析方法的不断更新，尤其是分析仪器的自动化、智能化，煤气和天然气的分析方法也更先进。例如，工业气体分析仪、气体分析在线检测仪的出现，以及气相色谱法的应用，使分析速度大幅度提高，分析的准确度和精度也最大限度地满足了生产的要求。但这些仪器对气体试样的要求也比较严格，对水蒸气煤气、杂质含量高的脏煤气等都不太适用，且仪器的价格昂贵，所以，掌握吸收法和爆燃法测定煤气中各成分的操作步骤是非常必要的。

3. 注意事项

（1）在分析过程中，必须经常检查仪器的严密性。

（2）分析过程应避免环境温度有过度波动而导致气体体积容积的变化，引起分析误差。环境温度以 20℃或稍高为宜。焦性没食子酸吸收 O_2 的速度随温度降低而减小，在 15℃时，吸收 O_2 极缓慢，会使分析结果不准确。

（3）吸收 CO 时，时间不宜太长，以防止吸收的 CO 再逸放出来。

（4）用爆燃法测定煤气中的 CH_4 和 H_2 的含量时，先各将一定量的吸收余气和一定量的空气引入爆炸瓶内，然后通电引爆。加入的空气应过量，使混合气体中可燃组分的浓度在其爆炸极限之内，以保证引爆顺利和燃烧完全。

学习单元 2　测定煤气和天然气的热值

学习目标

➢ 掌握测定煤气和天然气热值的原理

➢ 能测定煤气和天然气的热值

一、煤气和天然气热值的测定原理

煤气和天然气的热值是指每标准立方米（0℃，101.3 kPa）干燃气完全燃烧时产生的热量，当此热量包括烟气中水蒸气凝结而散发的热量时，称为高位热值，反之则称为低位热值。测定气体燃料的热值一般有下列两种方法：

1. 直接测定法

直接测定法使用专门的水流式热量计。在水流式热量计中，被测气体燃料连续不断地进入喷灯，并完全燃烧。燃烧释放的热量不断被逆流而过的连续水流吸收。根据燃烧的气体体积和在气体燃烧时间内通过的水量及进、出口流水的温度差，可计算出每标准立方米干燃气燃烧所产生的发热量。

2. 间接计算法

煤气的热值也常用计算的方法求得，根据其可燃成分的含量，可以按下式计算煤气的热值：

单组分热值＝单组分含量×热值计算系数

总热值＝所有组分热值之和×4.18（kJ/m^3）

煤气组分的热值计算系数见表 6—6。

表 6—6　　热值计算系数

组分名称	C_nH_m	CO	CH_4	H_2
计算系数	133.9	30.35	85.7	25.7

二、测定煤气和天然气热值所需仪器

1. 水流式热量计

水流式热量计有各种不同型号，如国外的有 Junkers 型气体热量计和国内的 SR 型气体热量计等。SR 型水流式热量计的装置如图 6—16 所示。

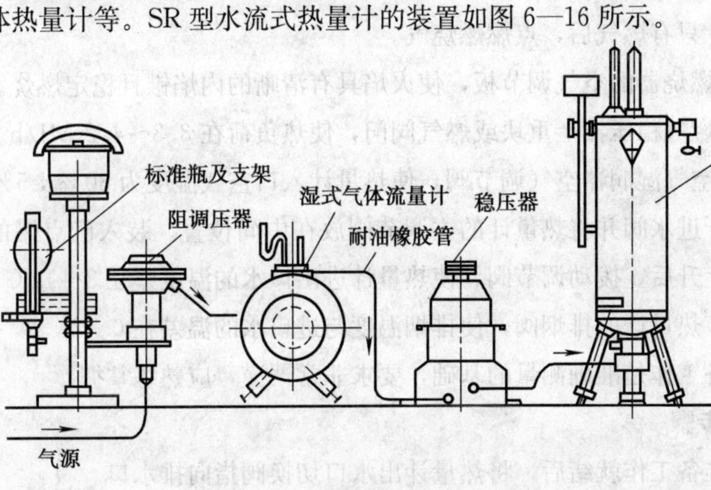

图 6—16　SR 型水流式热量计的装置

2. 辅助仪器

（1）温度计：以热量计所配置的温度计为准或自备同等量程的温度计。

（2）标准容量瓶。

三、测定煤气和天然气热值的操作

1. 操作准备

（1）选择燃烧器喷嘴

参考表 6—7，选择燃烧气喷嘴尺寸。

表 6—7　　燃烧气喷嘴尺寸的选择

高位热值/（MJ/m³）	喷嘴直径/mm	高位热值/（MJ/m³）	喷嘴直径/mm
12.6～16.7	2.5	37.7～46.0	1.5
16.7～37.7	2.0	46.0～62.8	1.0

（2）安装调节热量计

1）用标准容量瓶校正湿式气体流量计，得出校正系数 f_1，流量计中心的水温与室温相差应不大于 0.5℃。

2）将热量计垂直放好，并装上空气湿润器。

3）将温度计插入热量计中的水流转弯中心处，水银球不应与内壁接触。烟气温度计插入深度应使水银球在排烟管的中心线上。

4）装好整个系统，按规定在燃气稳压器、燃气及气压湿润器中加水。

5）检验燃气系统气密性，在工作压力下，持续 5 min 空气应不下降。

6）排放燃气中的空气。打开阀门，从燃烧器向外放气，使气体流量计转一圈，并确认流量计只有燃气后，点燃燃烧气。

7）调节燃烧器的空气调节板，使火焰具有清晰的内焰锥且稳定燃烧。

8）调节燃气稳压器上重块或燃气阀门，使热负荷在 3.3～4.2 MJ/h。

9）调节空气湿润器空气调节阀，使热量计入口空气湿度为 80%±5%。

10）打开进水阀并将热量计的主调节阀放在中间位置。装入已点燃的燃烧器。当出口水温上升后，拨动调节阀，使热量计进出口水的温度差在 8～12℃。

11）调节热量计的排烟阀，使排烟温度与进口水的温差在 0～2℃。

以上准备工作是准确测量的基础，要求非常严谨，应熟练掌握。

2. 操作步骤

（1）当准备工作就绪后，将热量计出水口切换阀指向排水口。

（2）热量计运行 30 min 后，当进、出口水温达到稳定，冷凝水出口处凝结水均匀下落时，方可进行测定。

（3）用放大镜读进、出口水温，达到稳定后读取并记录，精确到小数点后两位。

（4）测出盛水器净重，精确到克。

（5）当气体流量计指针指零时，记下流量计初读数，并把冷凝水量筒放在热量计的冷凝水出口下方，开始测定。

（6）当流量计指针指向预定读数时，转动出水口切换阀，使水流至盛水器中，当燃气流过预定体积 V 后，再将切换阀转回原位，在此期间读出并记录 10 次以上进、出口水温 t_1 与 t_2，并记下流过的燃气量 V 与相应的水量 W，读数应精确到 5 g。

（7）重复（6）的步骤，记下第二次的 W、V 及 t_1、t_2。

（8）当流量计指针指到某预定终读数时，将冷凝水量筒取出，称量，并记录冷凝水量 W，读数精确到 0.5 mL，同时记下流量计的终读数，计算出与 W 相对应的燃气消耗量 V_1。

重复（6）～（8）的操作，进行第 2 组试样的测试。

在每次测试期间，燃气消耗量应不小于表 6—8 的规定。

表 6—8　　热量计测量时应达到的燃气消耗量　　L

燃气种类	V	V_1
焦炉煤气	10	45
天然气	5	17.5

（9）计算气体燃料热值

1）计算高位热值。根据测试时的每组数据，可按下式计算出燃气的高位热值：

$$Q_{GW}=\frac{WC\ (t_1-t_2)}{FVf_2\times 1\ 000}$$

$$F=\frac{273.15\ (P+P_r-P^0)}{(273.15+t_g)\ P_0}f_1$$

式中　Q_{GW}——计算的高位发热量，MJ/m^3；

W——水量，g；

C——水的比热容，J/g·℃；

t_1——进口水温度，取 10 次测定的平均值，℃；

t_2——出口水温度，取 10 次测定的平均值，℃；

V——燃气消耗量，L；

F——体积修正系数，由以上公式计算得出；

t_g——燃气温度，℃；

P_0——标准大气压，1.013×10^5 Pa；

P——试验大气压，Pa；

P_r——燃气的压力，Pa；

P^0——温度为 t_g 时的饱和蒸汽压，Pa；

f_1——气体流量修正系数，用标准容量瓶校正流量计得出的系数，每次试验前进行校正，以校正数据为准；

f_2——经过标定后的热量计的修正系数，应大于 0.98，接近 1。

根据两组试样的测试结果，可求得两个高位热值 Q_{GW1} 与 Q_{GW2}。计算高位热值的平均值 Q_{GW} 即为燃气高位热值最终的测试结果：

$$Q_{GW}=\frac{Q_{GW1}+Q_{GW2}}{2}$$

2）计算低位热值。按如下公式计算燃气的低位热值：

$$Q_{DW}=Q_{GW}-\frac{W}{V_1F\times1\,000}$$

式中　W——凝水量，g；

V_1——与 W 对应的燃气消耗量，L。

3）检验测试结果的准确度。测试结果可用高位发热量差值检验。

$$高位发热量差值=\frac{Q_{GW1}-Q_{GW2}}{G_{GW}}\times100\%$$

当高位发热量差值大于 1%时，说明测试准确度太低，应重新取样测试。

3. 注意事项

（1）使用热量计时要严格控制测试条件，否则将影响测试结果的稳定性和准确性。测试时，大气压力精确到 134 Pa，气体流量计上的燃气压力精确到 10 Pa，气体流量计上的燃气温度精确到 0.5℃，排烟温度精确到 0.5℃。

（2）热量计应安装在光线明亮、室内空气流速小于 0.5 m/s，且不受辐射热影响的地方，测试期间温度应为 15～30℃，温度波动小于±1℃，进入热量计的水温应小于 1.5～2.5℃，整个测试分为两组，每组测 2 次，每次测试时的进口水温波动必须小于 0.1℃。

本章思考题

1. 简述煤的分类及其常用的水分分析方法。

2. 什么是煤的灰分？简述其来源及其主要组成。

3. 根据煤的哪项分析检测指标判断煤的焦砟特征？三号弱黏结煤的焦砟特征是什么？

4. 煤燃烧放热的主要成分是什么？怎样求得这项成分指标？

5. 在实际生产过程中，常常将分析煤样的工业分析结果换算成哪几个级别？分别说明它们的概念及表示符号。

6. 简述固体燃料量热计的构成。

7. 在一般情况下，应对固体燃料量热计的精密度和准确度作怎样的要求？

8. 测定液体燃料的水分时，常常加入无水溶剂，其作用是什么？

9. 蒸馏法测定液体燃料的水分应注意哪些事项？

10. 什么是液体的黏度？简述黏度的概念及表示方法。

11. 什么是恩氏黏度计的水值？为什么在测定油的恩氏黏度之前，校正恩氏黏度计的水值非常重要？

12. 测定某重油的恩氏黏度时，油样流出 200 mL 所用的时间为 4 分钟 20 秒，此恩氏黏度计的水值为 51 秒，该重油的恩氏黏度是多少（条件度）？

13. 测定煤气组成的常用分析方法是什么？简述其分析原理。

14. 煤气中 O_2 指标的控制非常重要，在 O_2 测定过程中，常用哪种试剂吸收煤气中的 O_2？

15. 煤气中产生热量的主要成分有哪些？怎样用计算法算得煤气的热值？

16. 使用水流式热量计测定煤气热值过程中应记录哪些参数？

参考文献

GB 260—1977《石油产品水分测定法》

GB 266—1988《石油产品恩氏黏度测定法》

GB/T 514—2005《石油产品试验用玻璃液体温度计技术条件》

GB/T 508—1985《石油产品灰分测定法》

GB/T 4771—1984《药用玻璃及其玻璃容器碱溶出量试验方法》

GB/T 212—2008《煤的工业分析方法》

GB/T 6580—1997《玻璃耐沸腾混合碱水溶液浸蚀性的试验方法和分级》

GB/T 6582—1997《玻璃在98℃耐水性的颗粒试验方法和分级》

GB/T 15728—1995《玻璃耐沸腾盐酸浸蚀性的重量试验方法和分级》

QB/T 3572—1999《硼硅酸盐玻璃化学分析方法》

SH/T 0173—1992《玻璃毛细管黏度计技术条件》

建筑材料科学研究院. 1984. 玻璃陶瓷化学成分分析. 北京：中国建筑工业出版社

基泰戈罗茨基等. 1966. 玻璃生产手册（上册）. 郑庆海等译. 北京：中国轻工业出版社

陈芳. 2007. 玻璃原料成品的成分分析. 全国浮法玻璃生产技术及产品质量控制研讨会论文. 秦皇岛

方文沐等. 2005. 燃料分析技术问答. 北京：中国电力出版社

蔡贵珍等. 1993. 化验室基本知识及操作. 武汉：武汉工业大学出版社

彭建喜，谷丽琴等. 2008. 煤及其加工产品的检验技术. 北京：化学工业出版社

岩石矿物分析编写小组. 1973. 岩石矿物分析. 北京：地质出版社

白浚仁，刘凤歧等. 1982. 煤质分析. 北京：煤炭工业出版社

武汉建筑材料工业学院等. 1980. 硅酸盐工业热工过程及设备. 北京：中国建筑工业出版社

张绍周，辛志军，倪竹君等. 2007. 水泥化学分析. 北京：化学工业出版社

中华人民共和国水利电力部. 1984. 电力系统油质试验方法. 北京：水利电力出版社

郭玉芳等. 1993. 轻工工业分析. 北京：中国轻工业出版社